中等职业教育土木水利类专业"互联网+"数字化创新教材

中等职业教育"十四五"系列教材

建筑材料与检测

廖春洪　主编

钟永梅　任　义　杨　磊　副主编

中国建筑工业出版社

图书在版编目（CIP）数据

建筑材料与检测／廖春洪主编. — 北京：中国建
筑工业出版社，2021.2（2023.8重印）

中等职业教育土木水利类专业"互联网＋"数字化创
新教材. 中等职业教育"十四五"系列教材

ISBN 978-7-112-25756-0

Ⅰ．①建… Ⅱ．①廖… Ⅲ．①建筑材料-检测-中等
专业学校-教材 Ⅳ．①TU502

中国版本图书馆 CIP 数据核字（2020）第 256187 号

　　本书依据国家近年来新颁布实施的标准、规范编写，全书共分 9 个教学
单元，内容包括：绪论，气硬性胶凝材料，水泥，混凝土，砂浆，墙体材料，
建筑钢材，防水材料，其他工程材料。

　　本书可作为中等职业学校建筑工程施工专业教材，也可作为相关企业岗
位培训及技术人员学习参考用书。

　　为便于教学和提高学习效果，本书作者制作了教学课件，索取方式为：
1. 邮箱 jckj@cabp.com.cn；2. 电话（010）58337285；3. 建工书院 http：//
edu. cabplink.com；4. 交流 QQ 群 796494830。

责任编辑：刘平平　李　阳
责任校对：焦　乐

中等职业教育土木水利类专业"互联网＋"数字化创新教材
中等职业教育"十四五"系列教材
建筑材料与检测
廖春洪　主编
钟永梅　任　义　杨　磊　副主编

＊

中国建筑工业出版社出版、发行（北京海淀三里河路 9 号）
各地新华书店、建筑书店经销
北京鸿文瀚海文化传媒有限公司制版
北京云浩印刷有限责任公司印刷

＊

开本：787 毫米×1092 毫米　1/16　印张：13¼　字数：335 千字
2021 年 2 月第一版　　2023 年 8 月第六次印刷
定价：**39.00** 元（赠教师课件）
ISBN 978-7-112-25756-0
（36668）

前　言

　　"建筑材料与检测"是中等职业学校土木水利大类建筑类专业的主干课程之一，课程的任务是让学生掌握建筑材料的基础知识和试验技能，使学生在实践中具备正确选用与合理使用建筑材料的实践能力，为有关专业课学习打下基础。本教材按照国家颁布的专业教学标准编写，教材结合土建工程现场专业人员职业标准和岗位要求，主要介绍建筑工程中常用建筑材料的基本组成、技术要求、性能、应用及材料的验收、保管、质量控制、见证取样和检测等内容。

　　本教材依据国家近年来新颁布实施的标准、规范编写，注意理论与实际的结合，突出实用性，内容新颖、文字简练、重点突出、图文并茂、通俗易懂。教材编写考虑到本课程实践性强和职业教育教学"做中学、做中教"的特点，在讲授理论知识的同时，将主要建筑材料试验的流程有机溶入各教学单元，加强了理论知识部分与材料检测部分的联系，同时配有一些练习题和实训任务，方便学生更好地掌握所学知识。本书还以二维码形式，配合正文内容附加了大量的数字资源，一些抽象的内容以三维立体呈现或动画演示，便于学生学习和理解理论知识，还能提高学生学习的积极性和主动性。

　　本教材还是一本"互联网＋"数字化创新教材，引入"云学习"在线教育创新理念，增加了与课程知识点相关的云课，将传统教育模式对接到网络，学生通过手机扫描文中的二维码，可以自主反复学习，帮助理解知识点、学习更有效。感谢广联达科技股份有限公司提供了相关技术支持。

　　本教材由廖春洪担任主编，钟永梅、任义和杨磊担任副主编，全书由廖春洪负责统稿。教学单元1由云南建设学校廖春洪编写；教学单元2由河北城乡建设学校杨磊编写；教学单元3和教学单元5由长沙高新技术工程学校任义编写；教学单元4由云南建设学校钟永梅编写；教学单元6由山东城建学校谢东海编写；教学单元7由长沙高新技术工程学校余斯洋编写；教学单元8由烟台城乡建设学校姜海丽编写；教学单元9由中建一局安装公司王治宇、张唱晚编写。大理市建筑工程质量监督站马红燕对本教材编写提出了许多宝贵的意见和建议，在此深表感谢。

　　本教材在编写过程中参阅了大量文献资料，谨向这些文献的作者致以诚挚的谢意。由于编者水平有限，书中难免存在不足之处，恳请读者批评指正。

编者
2020 年 9 月

目　录

教学单元1
绪论

教学目标

1. 知识目标：

（1）了解建筑材料发展概况；

（2）理解建筑材料的概念、分类、标准化和建筑材料检测的基本知识；

（3）掌握建筑材料物理、力学性质和耐久性，掌握材料各种性质间相互影响的关系；

（4）掌握建筑材料检测的基本知识。

2. 能力目标：

（1）具备对常用建筑材料基本性质进行简单分析的能力；

（2）具备合理选择和运用建筑材料的初步能力；

（3）具备建筑材料检测的基本能力。

思维导图

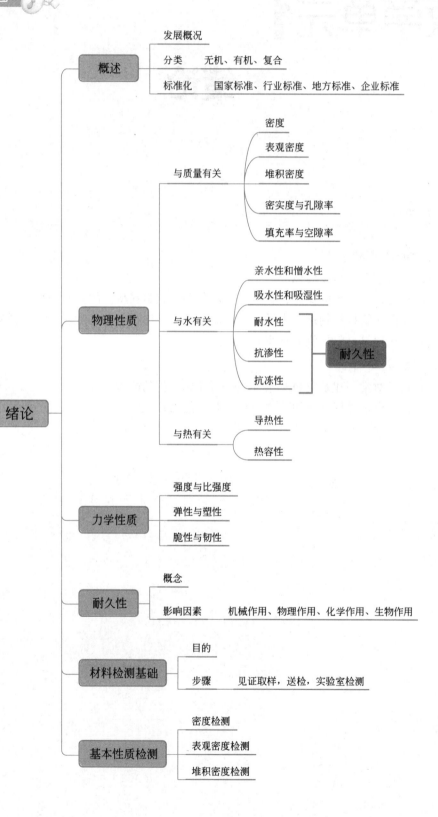

概述
- 发展概况
- 分类　　无机、有机、复合
- 标准化　　国家标准、行业标准、地方标准、企业标准

物理性质
- 与质量有关
  - 密度
  - 表观密度
  - 堆积密度
  - 密实度与孔隙率
  - 填充率与空隙率
- 与水有关
  - 亲水性和憎水性
  - 吸水性和吸湿性
  - 耐水性
  - 抗渗性
  - 抗冻性
  - 耐久性
- 与热有关
  - 导热性
  - 热容性

绪论

力学性质
- 强度与比强度
- 弹性与塑性
- 脆性与韧性

耐久性
- 概念
- 影响因素　　机械作用、物理作用、化学作用、生物作用

材料检测基础
- 目的
- 步骤　　见证取样，送检，实验室检测

基本性质检测
- 密度检测
- 表观密度检测
- 堆积密度检测

建筑材料是一切建筑工程的物质基础，品种繁多，性质各异，不同材料在建筑工程各个部位所起的作用不同，对材料性质要求也会有差异。例如结构材料应具有相应的力学性能和耐久性；屋面材料应具有防水、保温隔热性能；长期暴露在自然环境中的材料要能经受风吹、日晒、雨淋、冰冻等引起的破坏作用。为了保证不同建筑材料能满足建筑物安全和使用功能要求，就需要掌握好材料的基本性质和有关性能参数。材料的性能参数一般都是根据相关标准，采用合理的检测手段检测得到。

　　本单元主要学习建筑材料的分类和标准化的基本概念，建筑材料的基本物理、力学、化学性质，以及建筑材料检测的基本知识。

1.1　建筑材料概述

1.1.1　建筑材料发展概况

　　建筑材料是指各类建筑工程中所使用的各种材料的总称，在建筑工程中有着举足轻重的作用。建筑材料是随着社会生产力的发展和科技水平的提高逐步发展起来的。

建筑材料
概述

　　人类最初是直接从自然界中获取天然材料用来作为建筑材料，如黏土、石材、木材等。火的利用使人类学会烧制砖、瓦和石灰，建筑材料由天然材料进入人工生产阶段，这是建筑材料的第一次飞跃，成为人类建筑史上的一个里程碑。19世纪初，硅酸盐水泥的出现为混凝土的应用提供了物质条件，混凝土的大量使用是建筑材料的第二次飞跃。同期，随着资本主义的兴起，工业、交通日益发达，钢材被广泛应用于建筑工程，钢结构和钢筋混凝土结构相继出现，不断创造出建筑使上的奇迹，钢材的大规模使用是建筑材料的第三次飞跃。

　　进入 20 世纪后，由于社会生产力快速发展，以及材料学与工程学的形成和发展，使建筑材料的性能和质量不断提高，品种不断增加，一些具有特殊功能的新型材料，如绝热材料、隔声材料、防水材料、各种装饰材料不断问世。建筑材料日益向着轻质、高强、多功能的方向发展。

1.1.2　建筑材料的分类

　　用于建筑工程的材料来源广泛，性质各异，用途不同，品种繁多，可以从不同角度进行分类。根据使用功能的不同，可以将建筑材料分为结构材料、围护材料和功能材料三大类。按照化学成分的不同，可以分为无机材料、有机材料和复合材料三大类，它们还可以进行更为详细的划分，见表 1-1。

建筑材料分类　　　　　　　　　　　　　　　　表 1-1

无机材料	金属材料	黑色金属:钢、铁等
		有色金属:铝、铜等及其合金
	非金属材料	天然石材:砂、石及各种岩石制品
		烧土制品:黏土砖、瓦、陶瓷等
		胶凝材料:石灰、石膏、水玻璃、菱苦土、水泥等
		玻璃:平板玻璃、安全玻璃、装饰玻璃等
		以胶凝材料为基料的人造石材:混凝土、水泥制品、硅酸盐制品
有机材料	植物材料	木材、竹材等
	沥青材料	石油沥青、煤沥青、沥青制品
	高分子材料	塑料、涂料、胶粘剂等
复合材料	无机-有机复合材料	沥青混凝土、聚合物混凝土
	金属-非金属复合材料	钢筋混凝土、钢丝网水泥、塑铝复合板
	其他复合材料	水泥石棉制品等

1.1.3 建筑材料的标准化

为保证建筑工程的质量，必须对材料产品的各项技术要求制定统一的标准。这些标准一般包括:产品规格、分类、技术要求、检验方法、验收规则、标志、运输和储存等方面内容。

世界范围统一使用的是 ISO 国际标准，而各个国家和地区也制定不同的标准来规范材料产品的质量，如美国的"ASTM"标准、英国的"BS"标准、德国的"DIN"标准、日本的"JIS"标准、APEC 亚太经合组织、CEN 欧洲标准化委员会、ASAC 亚洲标准咨询委员会等。

目前我国的常用标准有以下四大类:

第一类是国家标准，包括强制性国家标准（代号 GB）和推荐性国家标准（代号 GB/T），如《通用硅酸盐水泥》GB 175—2007《普通混凝土拌合物性能试验方法标准》GB/T 50080—2016。

第二类是行业标准，如建筑工程行业标准（代号 JGJ）、建材行业标准（代号 JC）等，如《普通混凝土配合比设计规程》JGJ 55—2011。

第三类是地方标准（代号 DB）。

第四类是企业标准（代号 QB）。

任何技术和产品不得低于强制性国家标准规定的要求;对推荐性国家标准，也可执行其他标准的要求;地方标准或企业标准所制定的技术要求应高于国家标准。

1.2 材料的物理性质

1.2.1 与质量有关的性质

1. 密度

密度是指材料在绝对密实状态下单位体积的质量，计算公式为：

材料的密度、表观密度、堆积密度

$$\rho = \frac{m}{V}$$ (1-1)

式中　ρ——材料的密度，g/cm^3 或 kg/m^3；

　　　m——材料在干燥状态下的质量，g 或 kg；

　　　V——材料在绝对密实状态下的体积，cm^3 或 m^3。

材料在绝对密实状态下的体积，指的是材料不包含孔隙体积在内的固体物质所占的体积。建筑材料中除了钢材、玻璃等少数材料外，绝大多数材料都含有一定的孔隙，如砖、石材等常见的块状材料。测定含孔材料绝对密实体积的简单方法，是把材料磨成细粉，干燥后用排液法测定其体积，然后按式（1-1）计算其密度。材料磨得越细，测得的密度值越精确。

2. 表观密度

表观密度是指材料在自然状态下单位体积的质量，计算公式为：

$$\rho_0 = \frac{m}{V_0}$$ (1-2)

式中　ρ_0——材料的表现密度，g/cm^3 或 kg/m^3；

　　　m——材料的质量，g 或 kg；

　　　V_0——材料在自然状态下的体积，cm^3 或 m^3。

材料在自然状态下的体积是指包括内部孔隙在内的外形体积。材料内部孔隙可分为开口孔和闭口孔两种，如图 1-1 所示。

3. 堆积密度

堆积密度是指散粒材料在堆积状态下单位体积的质量，计算公式为：

$$\rho_0' = \frac{m}{V_0'}$$ (1-3)

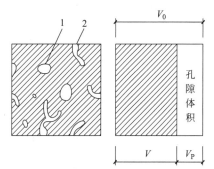

图 1-1　含孔材料体积组成示意图
1—闭口孔；2—开口孔

式中　ρ_0'——散粒材料的堆积密度，g/cm^3 或 kg/m^3；

　　　m——散粒材料的质量，g 或 kg；

　　　V_0'——散粒材料的自然堆积体积，cm^3 或 m^3。

散粒材料堆积状态下的体积，既包括了颗粒的自然状态下体积，又包含了颗粒之间的空隙体积，如图 1-2 所示。散粒材料的堆积体积，可以用规定的容量筒测定，容量筒的大小视颗粒的大小而定，例如砂子可以用 1L 的容量筒，石子可以用 10L、20L、30L 的容量筒。

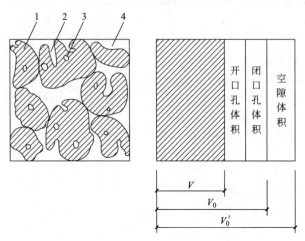

图 1-2　散粒材料松散体积组成示意图
1—颗粒中的固体物质；2—颗粒的开口孔隙；3—颗粒的闭口孔隙；4—颗粒间的空隙

材料的孔隙率、密实度、空隙率

4. 密实度与孔隙率

（1）密实度

密实度是指材料的体积内被固体物质充满的程度，即材料的绝对密实体积与其总体积之比，用 D 表示，计算公式为：

$$D = \frac{V}{V_0} \times 100\% = \frac{\frac{m}{\rho}}{\frac{m}{\rho_0}} \times 100\% = \frac{\rho_0}{\rho} \times 100\% \tag{1-4}$$

（2）孔隙率

孔隙率是指材料内部孔隙的体积占材料总体积的百分率，用 P 表示，计算公式为：

$$P = \frac{V_0 - V}{V_0} \times 100\% = \left(1 - \frac{V}{V_0}\right) \times 100\% = \left(1 - \frac{\rho_0}{\rho}\right) \times 100\% \tag{1-5}$$

密实度和孔隙率的关系如下：

$$D + P = 1 \tag{1-6}$$

材料的密实度和孔隙率是从两个不同的角度说明了材料的同一性质：材料疏松或致密的程度。材料的孔隙率越高，则表示其密实程度越小。

5. 填充率与空隙率

对于散粒状材料，如砂、石等，相互填充的疏松致密程度，可用填充率和空隙率表示。

（1）填充率

填充率是指散粒状材料在堆积状态下被材料颗粒所填充的程度，用 D' 表示，计算公式为：

$$D' = \frac{V_0}{V_0'} \times 100\% = \frac{\dfrac{m}{\rho_0}}{\dfrac{m}{\rho_0'}} \times 100\% = \frac{\rho_0'}{\rho_0} \times 100\% \tag{1-7}$$

（2）空隙率

空隙率是指散粒状材料在堆积状态下材料颗粒之间的空隙体积所占的百分率，用 P' 表示，计算公式为：

$$P' = \frac{V_0' - V_0}{V_0'} \times 100\% = \left(1 - \frac{\rho_0'}{\rho_0}\right) \times 100\% \tag{1-8}$$

1.2.2 与水有关的性质

1. 亲水性和憎水性

固体材料在空气中与水接触时，根据其能否被水润湿，可分为亲水性材料与憎水性材料。

材料被水润湿的情况可用润湿角 θ 表示。如图 1-3 所示，θ 越小，表明材料越容易被水润湿。一般认为，当 $\theta \leqslant 90°$ 时，如图 1-3（a）所示，材料表面吸附水，材料能被水润湿而表现出亲水性，这种材料称为亲水性材料。当 $\theta > 90°$ 时，如图 1-3（b）所示，材料表面不吸附水，这种材料称为憎水性材料。

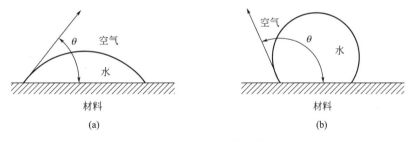

图 1-3 材料润湿角示意图
（a）亲水性材料；（b）憎水性材料

大多数建筑材料，如石料、砖、混凝土、木材等都属于亲水性材料。沥青、石蜡等属于憎水性材料。憎水性材料不能被水润湿，因此憎水性材料常用作防水材料，还可以用于亲水性材料的表面防水处理。

2. 吸水性和吸湿性

（1）吸水性

材料在水中吸收水分的能力称为吸水性，用吸水率表示，材料的吸水率有质量吸水率和体积吸水率两种表示方法。

质量吸水率是指材料吸水饱和时，所吸收水分的质量占材料干燥质量的百分率，计算公式为：

$$W_m = \frac{m_b - m_g}{m_g} \times 100\% \tag{1-9}$$

式中 W_m——材料的质量吸水率，%；

m_b——材料吸水饱和时的质量，g；

m_g——材料在干燥状态下的质量，g。

体积吸水率是指材料吸水饱和时，所吸收水分的体积占干燥材料自然体积的百分率，计算公式为：

$$W_V = \frac{m_b - m_g}{V_0} \cdot \frac{1}{\rho_w} \times 100\% = W_m \cdot \rho_0 \qquad (1\text{-}10)$$

式中 W_V——材料的体积吸水率，%；

ρ_w——水的密度，g/cm^3，常温下取 $\rho_w = 1g/cm^3$。

一般材料的孔隙率愈大，吸水性愈强，但材料的吸水率还与材料内部孔隙的特征有关，若材料具有闭口孔隙，则水分难以渗入材料内部，吸水率就较小；若材料具有粗大的开口孔隙，水分虽容易进入，但不易在孔中保留，吸水率也较小；若材料具有细微连通的开口孔隙，则材料的吸水能力就特别强。

（2）吸湿性

材料在潮湿空气中吸收水分的性质称为吸湿性，用含水率表示，计算公式为：

$$W_h = \frac{m_h - m_g}{m_g} \times 100\% \qquad (1\text{-}11)$$

式中 W_h——材料的含水率，%；

m_h——材料含水时的质量，g。

材料吸湿性的大小，取决于材料本身的组织结构和化学成分。其含水率的大小与周围空气的相对湿度和温度有关，相对湿度越高、温度越低时其含水率越大。

材料的吸水或吸湿后，会对其性质产生不利影响，如使其表观密度增加，体积膨胀，导热性增加，保温性能降低，强度和耐久性下降。

3. 耐水性

耐水性是指材料长期在水作用下不破坏，强度也不明显下降的性质，用软化系数表示，计算公式为：

$$K_R = \frac{f_b}{f_g} \qquad (1\text{-}12)$$

式中 K_R——材料的软化系数，%；

f_b——材料在饱和水状态下的强度，MPa；

f_g——材料在干燥状态下的强度，MPa。

材料的软化系数范围在 0～1 之间。K_R 越大，表明材料吸水饱和后其强度下降越少，其耐水性越强；反之则耐水性越差。一般认为 $K_R \geqslant 0.85$ 的材料，称为耐水性材料。经常位于水中或受潮严重的重要结构物，应选用 $K_R \geqslant 0.85$ 的材料；受潮较轻的或次要结构物，应选用 $K_R \geqslant 0.75$ 的材料。

4. 抗渗性

材料的抗渗性

抗渗性是指材料抵抗压力水或其他液体渗透的性能。

地下建筑及水工建筑，因常受到压力水的作用，所以要求材料具有一定的抗渗性。

材料的抗渗性与其孔隙率和孔隙特征有关。开口的连通大孔越多，抗渗性越差。孔隙为闭口孔且孔隙率小的材料抗渗性好。一些防水、防渗透材料，其防水性常用抗渗系数 K 表示。渗透系数反映水在材料中流动的速度。K 越大，说明水在材料中的流动速度越快，其抗渗性越差。

对于建筑工程中大量使用的砂浆、混凝土等材料，其抗渗性能常用抗渗等级 P 来表示。抗渗等级表示材料所能抵抗的最大水压力，如 P6、P8、P10 等，P8 表示材料能承受 0.8MPa 的水压而不渗水。材料的抗渗等级越大，表示材料的抗渗性越好。

5. 抗冻性

抗冻性是指材料在吸水饱和状态下，能经受多次冻融循环而不破坏，其强度也不严重降低的性质。

材料的抗冻性

建筑材料的抗冻性用抗冻等级表示。抗冻等级是指将材料吸水饱和后，按规定方法进行冻融循环试验，材料的质量损失和强度下降均不超过规定数值的最大冻融循环次数，用符号"F"和最大冻融循环次数表示，如 F50、F100、F300 等。抗冻等级越高，材料的抗冻性越好。

材料冻结破坏的原因，主要是由于其内部孔隙中的水结冰产生体积膨胀，对孔壁造成的压力使孔壁破坏而造成的。因此，材料抗冻能力的好坏，与材料吸水程度、材料强度及孔隙特征有关。一般情况下，材料的含水率越大，材料强度越低及材料中含有开口的毛细孔越多，受到冻融循环的损失就越大。在寒冷地区和环境中的结构设计和材料选用，必须考虑到材料的抗冻性能。

1.2.3　与热有关的性质

1. 导热性

热量在材料中传导的性质称为导热性。材料的导热能力用导热系数 λ 表示，计算公式为：

$$\lambda = \frac{Qd}{(t_1 - t_2)AZ} \tag{1-13}$$

式中　　λ——导热系数，W/ (m·K)；

$\quad\quad\quad Q$——传导的热量，J；

$\quad\quad\quad d$——材料厚度，m；

$\quad\quad\quad A$——传热面积，m^2；

$\quad\quad\quad Z$——传热时间，s；

$(t_1 - t_2)$——材料两侧温差，K。

导热系数越小，材料的保温隔热性能越好。材料的导热性与孔隙有关，一般材料的孔隙率大，其导热系数越小，但如孔隙粗大或贯通，受对流作用影响，材料的导热系数反而会增大。由于水和冰的导热系数远大于空气的导热系数，材料受潮或受冻后，其导热系数会增大。因此，保温隔热材料应处于干燥状态，以利于发挥材料的保温隔热作用。

2. 热容性

材料在温度变化时吸收或放出热量的性质称为热容性。不同材料的热容性可以用比热作比较，计算公式为：

$$c = \frac{Q}{m(t_1 - t_2)} \tag{1-14}$$

式中　　c——材料的比热，J/（kg·K）；

　　　　Q——材料吸收或放出的热量，J；

　　　　m——材料的质量，kg；

$(t_1 - t_2)$——材料受热或冷却前后的温差，K。

材料的比热对保持结构物内部温度稳定有很大意义。比热大的材料，能在温度变化时缓和室内的温度波动。

1.3　材料的力学性质

1.3.1　强度与比强度

材料的强度与比强度

材料的力学性质是指材料在外力作用下抵抗破坏和变形的能力。

材料在外力作用下抵抗破坏的能力称为强度。建筑结构所承受的外力主要有拉力、压力、弯曲和剪力等，如图 1-4 所示。材料抵抗这些外力破坏的能力，分别称为抗拉、抗压、抗弯和抗剪强度。这些强度可通过静力试验测定，总称为静力强度。

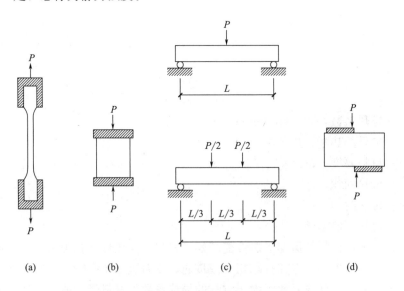

图 1-4　材料受力示意图
（a）抗拉强度；（b）抗压强度；（c）抗弯强度；（d）抗剪强度

材料的抗拉、抗压、抗剪强度，可用下式计算：

$$f = \frac{P}{A} \tag{1-15}$$

式中　f——材料强度，MPa；

　　　P——材料破坏时的最大荷载，N；

　　　A——受力面积，mm^2。

影响材料强度的因素很多，除了材料的组成外，材料的孔隙率增加，强度会降低。材料的强度还与试验条件有关，如试件的尺寸、形状和表面状态、含水率，加荷速度，试验环境温度，试验设备的精确度以及试验操作人员的技术水平等。为了使试验结果比较准确而且具有互相比较的意义，国家规定了各种材料强度的标准试验方法。在测定材料强度时，必须严格按照标准试验方法进行。

大部分建筑材料可根据其强度值的大小，划分为若干不同的强度等级或标号。如水泥砂浆的强度等级分为 M30、M25、M20、M15、M10、M7.5、M5 共 7 个等级。等级的划分对掌握材料的性质、合理选用材料、正确进行设计和施工以及控制工程质量都有重要意义。

承重结构的材料除了承受外荷载力，还要承受自身重力。因此，不同强度材料的比较，可采用比强度指标。比强度是指单位体积质量的材料强度与其表观密度之比，它是衡量材料是否轻质、高强的指标。

1.3.2　弹性与塑性

材料在外力作用下产生变形，当外力去除后，能完全恢复原来形状的性质称为弹性。能够完全恢复的变形称为弹性变形。若外力去除后，材料仍保持变形后的形状和尺寸，且不产生裂缝的性质称为塑性。这种不能恢复的变形称为塑性变形。

材料的弹性与塑性

在建筑材料中，很多材料在受力不大时仅产生弹性变形，受力超过一定限度后，便产生塑性变形，如低碳钢。有的材料如混凝土在受力时，弹性变形和塑性变形会同时发生，外力去除后，弹性变形恢复，塑性变形保留，这种材料称为弹塑性材料，这种变形称为弹塑性变形。

1.3.3　脆性与韧性

材料在外力作用下，无明显塑性变形而突然破坏的性质，称为脆性。具有这种性质的材料称为脆性材料，如混凝土、玻璃、陶瓷等。

材料的脆性与韧性

材料在冲击或振动荷载作用下，能吸收较大的能量，产生一定的变形而不破坏的性质，称为韧性或冲击韧性。如建筑钢材、木材、橡胶、塑料等。在建筑工程中，要求承受冲击荷载或抗震的结构都需要考虑材料的韧性。

1.4 材料的耐久性

材料的
耐久性

材料在使用过程中能抵抗周围各种介质侵蚀而不破坏，也不易失去原有性能的性质称为耐久性。耐久性是材料的一项综合性质，一般包括抗冻性、抗渗性、耐腐蚀性、抗老化性等。

材料在使用过程中，除受到各种外力作用外，还会受到周围环境因素的影响，这些影响一般可分为机械作用、物理作用、化学作用和生物作用的影响。

机械作用包括持续荷载作用、交变荷载作用，以及撞击引起材料疲劳、冲击、磨损、磨耗等。

物理作用包括材料的干湿变化、温度变化及冻融变化等因素影响，引起材料收缩或膨胀，长时期或反复作用使材料逐渐破坏。如混凝土的热胀冷缩。

化学作用包括紫外线或环境中的酸、碱、盐等物质对材料产生的侵蚀作用，使材料的化学组成和结构发生改变而导致材料性能恶化。如金属材料易被氧化腐蚀。

生物作用是昆虫、菌类等对材料的蛀蚀、腐朽等破坏作用。如木材的腐蚀。

建筑材料在使用过程中会受到多种因素的作用，使其性能逐步降低。为了延长建筑的使用寿命和减少维修费用，应该根据使用情况和材料特点采取相应的措施提高材料的耐久性。提高材料的耐久性，首先应努力提高材料自身对外界作用的抵抗能力，如提高密实度、改变孔隙结构、改变成分等；其次可以选用其他材料对主体材料加以保护，如做保护层、刷涂料、做饰面等；此外还可以设法减轻大气或周围介质对材料的破坏作用，如降低湿度，排除侵蚀性介质等。

1.5 建筑材料检测基础

1.5.1 建筑材料检测的目的

建筑材料的品种繁多，其质量、性能的好坏将直接影响工程质量，所以有必要根据有关标准、规范的要求，采用科学合理的检测手段，对建筑材料的性能参数进行检验和测定。

建筑材料主要包括原材料和混合料两大类。原材料有砂、碎石等散粒状材料，水泥、石灰、沥青等胶结材料，还有钢材、砖等其他材料；混合料有混凝土、砂浆和沥青混合料等。为保证工程质量，必须从原材料开始，对其质量进行控制。因此，建筑材料检测包括了对原材料的质量检测和混合料性能的检测。其目的是判定材料的各项性能是否符合质量等级的要求以及是否可以用于工程中。

1.5.2 建筑材料检测的步骤

建筑材料检测的步骤，主要包括见证取样及送检、试验室检测两个步骤。

见证取样和送检是指在建设单位或工程监理单位人员的见证下，由施工单位的现场试验人员按照国家有关技术标准、规范的规定，在施工现场对工程中涉及结构安全的试块、试件和材料进行取样，并送至具备相应检测资质的检测机构检测的活动。见证取样和送检，其目的就是通过"见证"来保证取样和送检"过程"的规范性和真实性，从而保证建设工程质量。住房和城乡建设部颁布的行业标准《建筑工程检测试验技术管理规范》JGJ 190—2010 中第 3.0.6 条以强制性条文明确规定："见证人员必须对见证取样和送检的过程进行见证，且必须确保见证取样和送检过程的真实性"。此条文明确规定监理单位及其见证人员应对"过程"的真实性承担法律责任。对过程真实性的"见证"要素包括：取样地点和部位、取样时间、取样方法、试样数量（抽样率）、试样标识、存放及送检等。

试验室检测是由具有相应资质的质量检测机构对送检的材料进行检测。检测机构对其检测数据和检测报告的真实性和准确性负责。材料检测人员必须具有科学的态度，不得篡改或者伪造检测数据。检测机构违反法律、法规和工程建设强制性标准，给他人造成损失的，应当依法承担相应的赔偿责任。

1.6 建筑材料的基本物理性质检测

1.6.1 密度检测

1. 目的

密度是指材料在绝对密实状态下单位体积的质量，检测出材料的密度可用于计算材料的孔隙率和密实度。

2. 主要仪器设备

李氏瓶（图 1-5）、筛子、量筒、烘箱、干燥器、天平、温度计、漏斗、小勺等。

3. 检测步骤

（1）将试样粉碎、研磨、过筛后放入烘箱中，在 105～110℃温度下烘干至恒重，再放入干燥器中冷却至室温。

（2）在李氏瓶中注入与试样不起反应的液体至凸颈下部，记下刻度数，将李氏瓶入恒温水槽中，在试验过程中保持水温为（20±2）℃。

（3）用天平称取试样 60～90g，用小勺和漏斗小心地将试样徐徐送入李氏瓶中，要防止在李氏瓶喉部发生堵塞，直

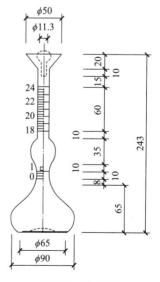

图 1-5 李氏瓶

至液面上升至 20ml 左右刻度为止。再称量剩下的试样，计算出装入李氏瓶内的试样质量 m（g）。

（4）轻轻摇动李氏瓶使液体中的气泡排出，记下液面刻度，根据前后两次液面读数，计算出液面上升的体积，即为瓶内试样的绝对体积 V（cm³）。

4. 结果计算

按式（1-1）计算出试样的密度 ρ，精确至 0.01g/cm^3。

按规定，密度试验用两份平行试样进行，以两次结果的算术平均值作为测定结果，但两次检测结果之差不应大于 0.02g/cm^3，否则重做。

1.6.2 表观密度检测

表观密度是指材料在自然状态下单位体积的质量。材料自然体积的测量，对于外形规则的材料，如烧结砖、砌块，可直接测量外形尺寸，按几何公式计算出体积。若外观形状不规则的散粒材料，可采用排液法测得。下面以建设用砂为例介绍表观密度测定。

1. 目的

测定砂的表观密度，评定砂的质量，为计算砂的空隙率和混凝土配合比设计提供依据。

2. 主要仪器设备

容量瓶、天平、烘箱、干燥器、温度计等。

3. 检测步骤

（1）按规定方法将缩分至不少于 660g 的试样在 (105 ± 5)℃烘箱中烘干至恒重，并在干燥器内冷却至室温后分为大致相等的两份备用。

（2）称取烘干试样 300g（m_0），精确至 1g，将试样装入容量瓶中，注入冷开水至接近 500ml 刻度处，用手旋转摇动容量瓶，使试样在水中充分搅动以排出气泡，塞紧瓶塞，静置 24h。

（3）用滴管小心加水至 500ml 处，塞紧瓶塞，擦干瓶外水分，称其质量（m_1），精确至 1g。

（4）倒出瓶内的水和试样，将瓶的内外表面洗净。再向容量瓶内注入与上述水温相差不超过 2℃的冷开水至 500ml 刻度处。塞紧瓶塞，擦干瓶外水分，称其质量（m_2），精确至 1g。

4. 结果计算

按下式计算出砂的表观密度 ρ_0，精确至 10kg/m^3。

$$\rho_0 = \left(\frac{m_0}{m_0 + m_2 - m_1} - \alpha_t\right) \times 1000 \tag{1-16}$$

式中　α_t——水温对表观密度影响的修正系数，见表1-2。

不同水温对砂的表观密度影响修正系数　　　　　　　表 1-2

水温℃	15	16	17	18	19	20	21	22	23	24	25
α_t	0.002	0.003	0.003	0.004	0.004	0.005	0.005	0.006	0.006	0.007	0.008

按规定，表观密度试验用两份平行试样进行，以两次结果的算术平均值作为测定结果，但两次检测结果之差不应大于 20kg/m^3，否则重做。

1.6.3　堆积密度检测

堆积密度是指散粒材料在堆积状态下单位体积的质量。下面以石子为例介绍堆积密度测定。

1. 目的

测定碎石或卵石的堆积密度，评定其质量，为计算空隙率和混凝土配合比设计提供依据。

2. 主要仪器设备

台秤或磅秤、容量筒（表 1-3）、平头铁铲、烘箱等。

容量筒容积

表 1-3

石子最大粒径(mm)	9.50、16.0、19.0、26.5	31.5、37.5	63.0、75.0
容量筒容积(L)	10	20	30

3. 检测步骤

（1）按石子最大粒径选用容量筒并称取容量筒质量 m_1（kg）。

（2）取烘干或风干的试样一份，用铁铲将试样从容量筒口中心上方 50mm 左右处自由落入容量筒，装满容量筒并除去凸出筒口表面的颗粒，以适当的颗粒填入凹陷处，使凹凸部分的体积大致相等，称取试样和容量筒的总质量 m_2（kg）。

4. 结果计算

按下式计算出石子的堆积密度 ρ_0'，精确至 10kg/m^3。

$$\rho_0' = \frac{m_2 - m_1}{V_0'} \tag{1-17}$$

式中　V_0'——容量筒的容积，m^3。

按规定，堆积密度应用两份试样平行测定两次，并以两次结果的算术平均值作为测定结果。

思考及练习题 🔍

一、填空题

1. 建筑材料按照化学成分的不同，可以分为＿＿＿＿材料、＿＿＿＿材料和＿＿＿＿材料三大类。

2. 目前我国的常用标准有＿＿＿＿标准、＿＿＿＿标准、＿＿＿＿标准、＿＿＿＿标准四大类。

3. 密度是指材料在＿＿＿＿状态下单位体积的质量。

4. 表观密度是指材料在＿＿＿＿＿＿状态下单位体积的质量。

答案

5. 堆积密度是指_____材料在_____状态下单位体积的质量。

6. 固体材料在空气中与水接触时，根据其能否被水润湿，可分为_____材料和_____材料。

7. 材料在含水状态下能经受多次_____作用而不破坏，强度也不显著降低的性质称为抗冻性。

8. 材料在温度变化时吸收或放出热量的性质称为_____。

9. 材料的力学性质是指材料在外力作用下抵抗_____和_____的能力。

10. 对材料耐久性的影响因素主要有_____作用、_____作用、_____作用和_____作用的影响。

二、单选题

1. 材料疏松或致密的程度可以用（　　）指标表示。
A. 密实度　　　　　B. 空隙率　　　　　C. 填充率　　　　　D. 密度

2. 材料在水中吸收水分的能力称为（　　）。
A. 吸水性　　　　　B. 吸湿性　　　　　C. 耐水性　　　　　D. 抗渗性

3. 材料长期在水作用下不破坏，强度也不明显下降的性质，用（　　）表示。
A. 耐久性　　　　　B. 含水率　　　　　C. 抗渗系数　　　　　D. 软化系数

4. 亲水性材料的润湿角（　　）。
A. $\theta \leqslant 90°$　　　B. $\theta > 90°$　　　C. $\theta < 90°$　　　D. $\theta = 0°$

5. 材料的抗渗性是指材料抵抗（　　）渗透的性质。
A. 水　　　　　B. 液体　　　　　C. 饱和水　　　　　D. 压力水

6. （　　）越小，材料的保温隔热性能越好。
A. 热容量　　　　　B. 比热　　　　　C. 导热系数　　　　　D. 含水率

7. 下列材料中，属于脆性材料的是（　　）。
A. 混凝土　　　　　B. 钢材　　　　　C. 木材　　　　　D. 塑料

8. 材料的孔隙率变化时，（　　）指标不会发生变化。
A. 密度　　　　　B. 表观密度　　　　　C. 堆积密度　　　　　D. 强度

9. 对于同一种材料的密度、表观密度和堆积密度三者之间的大小关系，下列表述正确的是（　　）。
A. 表观密度＞密度＞堆积密度　　　　　B. 表观密度＞堆积密度＞密度
C. 密度＞堆积密度＞表观密度　　　　　D. 密度＞表观密度＞堆积密度

10. 材料密实度和孔隙率的关系是（　　）。
A. $D + P < 1$　　　B. $D + P > 1$　　　C. $D + P \leqslant 1$　　　D. $D + P = 1$

三、简答题

1. 什么是材料的弹性？什么是材料的塑性？

2. 材料检测见证取样时须"见证"的要素包括哪些？

3. 提高材料耐久性的措施有哪些？

四、计算题

1. 某材料孔隙率为 3.9%，表观密度为 2.5g/cm³，试求其密度。

2. 某工地有含水率为 4% 的砂子 100t，试求其中含有水分的质量和干砂的质量分别是多少。

3. 将堆积密度为 1600kg/m³ 的干砂 300g 装入容量瓶中，再将容量瓶注满水后称得质量为 520g，已知空容量瓶加满水时称得的质量为 380g，试求该砂的表观密度和空隙率。

4. 一根直径 d 为 12mm 的钢筋，假设其强度 f 为 300MPa，试求该钢筋能承受的最大拉力 P 是多少？

检测实训

任务 1：测定施工现场取来的砂样品的表观密度和堆积密度。

任务 2：测定施工现场取来的石子样品的表观密度和堆积密度。

教学单元2

气硬性胶凝材料

Chapter 02

教学目标

1. 知识目标：

（1）了解石灰、石膏、水玻璃的生产；

（2）理解气硬性胶凝材料与水硬性胶凝的区别；

（3）掌握石灰、石膏的性质、分类、应用、验收、储存、保管。

2. 能力目标：

（1）具备分辨各种石灰、石膏的能力；

（2）具备在工程中按实际情况选择应用各类石膏、石灰的能力；

（3）具备借助工具书查阅各种技术指标的能力。

思维导图

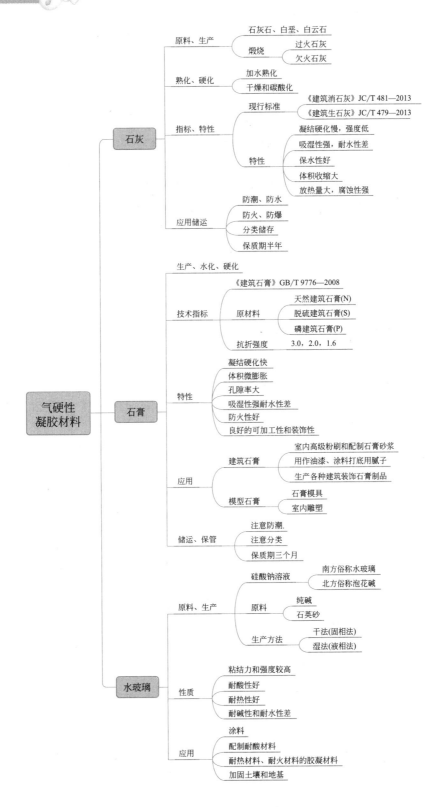

引文

　　建筑工程中常常需要将散粒或块状材料粘结成整体，并使其具有一定的强度。具有这种粘结作用的材料，统称为胶凝材料或胶结材料。

　　分类如下：

$$
\text{胶凝材料}\begin{cases}\text{无机胶凝材料}\begin{cases}\text{气硬性胶凝材料}\begin{cases}\text{石灰}\\\text{石膏}\\\text{水玻璃等}\end{cases}\\\text{水硬性胶凝材料：各种水泥}\end{cases}\\\text{有机胶凝材料：沥青、树脂、橡胶等}\end{cases}
$$

　　气硬性胶凝材料加水后形成的浆体，均只能在干燥空气中凝结硬化，而不能在水中硬化，因此只能用于干燥环境中的工程部位，而不能用于潮湿环境及水中的工程部位。

　　水硬性胶凝材料既能在空气中硬化，又能更好地在水中硬化，且保持并继续发展其强度。

2.1　石灰

　　石灰是一种传统的胶凝材料，使用历史悠久，早在二千多年以前，在中国的砖石结构中就比较广泛地使用石灰。工程中石灰的主要用途为配制砂浆、配制三合土和灰土等。

2.1.1　石灰的原料及生产

　　生石灰的原料：凡是以碳酸钙为主要成分的天然岩石，如石灰岩、白垩、白云石、贝壳等，都可用来生产石灰。

　　将石灰岩在适当的温度下进行煅烧，即得到生石灰（CaO），其反应式如下：

$$CaCO_3 \xrightarrow{900℃} CaO + CO_2 \uparrow$$

$$MgCO_3 \xrightarrow{600\sim800℃} MgO + CO_2 \uparrow$$

　　煅烧过程对石灰质量有很大影响：煅烧温度过低或时间不足以及窑内温度不均匀，会使生石灰中残留有未分解的石灰岩，称欠火石灰，欠火石灰中 CaO 含量低，降低了其质量等级和石灰的利用率。若煅烧温度过高或时间过长，杂质和石灰会熔解，产生过火石灰。过火石灰在熟化时，由于内部结构致密，因此熟化十分缓慢。当这种未充分熟化的石灰用于抹灰后，会吸收空气中的水蒸气，继续熟化，体积膨胀，致使墙面隆起、开裂，严重影响施工质量。

　　原始的石灰生产工艺是将石灰石与燃料（木材）分层铺放，引火煅烧一周即得。现代则采用机械化、半机械化立窑以及回转窑、沸腾炉等设备进行生产。煅烧时间也相应地缩短，用回转窑生产石灰仅需 2～4h，比用立窑生产可提高生产效率 5 倍以上。又出现了横流式、双斜坡式及烧油环行立窑和带预热器的短回转窑等节能效果显著的工艺和设备，燃料也扩大为煤、焦炭、重油或液化气等。

2.1.2 石灰的熟化和硬化

1. 石灰的熟化

将石灰加水，使之发生化学反应，消解为熟石灰——氢氧化钙，这个过程称为石灰的"熟化"。化学反应方程式为：

$$CaO + H_2O = Ca(OH)_2 + 64.9kJ$$

石灰的熟化与硬化

这是一个放热反应。加水少成为消石灰粉，加水多成为石灰膏。

生石灰的熟化或消解过程，要放出很大的热量，并形成水蒸气，因此在生石灰熟化时要注意劳动保护。生石灰化为熟石灰后，其体积膨胀 1～2.5 倍，对于估计灰膏的贮器容积、换算熟化前后的体积等，当引起充分注意。

熟化石灰时，要根据石灰的品质不同，采取措施，以加快熟化的速度和力求熟化的彻底。石灰的理论用水，为石灰质量的 32.13%，实际加水为理论用水的 2～3 倍。水少时会引起过热，生成浆层，影响继续消解；水多时放出的热量不足以使水变成蒸汽，亦影响继续消解。因此，加水量和加水的程序，要因石灰的品质而异。

为了保证石灰完全消解，以消除过火石灰的危害，石灰在熟化后，必须在储灰坑中陈放一定时间才能使用，这个过程叫做陈伏。"陈伏"一般为 2 周，期间灰浆表面应留有一层水，隔绝空气，防止发生碳化反应。

2. 石灰的硬化

石灰浆体的硬化包括两个同时进行的过程：干燥和碳酸化。

石灰浆在干燥环境中，多余的游离水逐渐蒸发，使颗粒聚结在一起，同时在石灰浆体的内部形成大量的毛细孔隙。另外，当水分蒸发时，液体中氢氧化钙达到一定程度的过饱和，从而会产生氢氧化钙的析晶过程，加强了石灰浆中原来的氢氧化钙颗粒之间的结合。石灰浆能吸收空气中的二氧化碳而碳酸化，其反应如下：

$$Ca(OH)_2 + CO_2 + nH_2O = CaCO_3 + (n+1)H_2O$$

石灰浆在凝结硬化过程中收缩极大且发生开裂，因此，石灰浆不能单独使用，而必须掺入一些骨料，最常用的是砂子。石灰砂浆中的砂子好像是砂浆中的骨架，它可减少和防止开裂。掺砂可节省石灰用量，降低成本。此外砂子可使砂浆形成较多的孔隙，以利于石灰浆内部水分的排除和吸收二氧化碳。

2.1.3 石灰的技术指标和特性

1. 石灰的技术指标

已形成标准的有两种产品，即《建筑生石灰》JC/T 479—2013 和《建筑消石灰》JC/T 481—2013，其中对材质的要求，分别见表 2-1、表 2-2。

石灰的性质与应用

《建筑生石灰》JC/T 479—2013 材质要求   表 2-1

名称	氧化钙+氧化镁	氧化镁	三氧化碳	三氧化硫
CL90-Q CL90-QP	≥90	≤5	≤4	≤2
CL85-Q CL85-QP	≥85	≤5	≤7	≤2
CL75-Q CL75-QP	≥75	≤5	≤12	≤2
ML85-Q ML85-QP	≥85	>5	≤7	≤2
ML80-Q ML80-QP	≥80	>5	≤7	≤2

注：生石灰块在代号后加 Q，生石灰粉在代号后加 QP

《建筑消石灰》JC/T 481—2013 材质要求   表 2-2

名称	氧化钙+氧化镁	氧化镁	三氧化硫
HCL90 HCL85 HCL75	≥90 ≥85 ≥75	≤5	≤2
HML85 HML80	≥85 ≥80	>5	≤2

注：表中数值以试样扣除游离水和化学结合水后的干基为基准

2. 石灰的特性

（1）凝结硬化慢，强度低。石灰浆体的硬化过程包括干燥、结晶和碳化过程。干燥和结晶的速度都较小，因此石灰的凝结硬化慢。但石灰的强度较低，体积比为 1∶3 的石灰砂浆，其 28d 抗压强度大约为 0.2～0.5MPa。

（2）吸湿性强，耐水性差。生石灰存放时间过长，会吸收空气中的水分而熟化，并且发生碳化使石灰的活性降低。硬化后的石灰，如果长期处于潮湿环境或水中，氢氧化钙就会逐渐溶解而导致结构破坏，故耐水性较差。

（3）保水性好。熟石灰膏具有良好的可塑性和保水性。

（4）石灰硬化后有较大体积收缩。石灰浆体硬化过程中，大量水分蒸发，使内部网状毛细管失水收缩，导致表面开裂。

（5）放热量大，腐蚀性强。生石灰的熟化是放热反应，会放出大量的热。熟石灰中的氢氧化钙具有较强的腐蚀作用。

2.1.4　石灰的应用和储运

1. 石灰的应用

（1）配制石灰砂浆和石灰乳

用石灰膏和砂或麻刀、纸筋配制成的石灰砂浆、麻刀灰、纸筋灰广泛用作内墙、顶棚的抹面砂浆。用石灰膏和水泥、砂配制成的混合砂浆通常作砌筑或抹灰之用。而由石灰稀释成的石灰乳常用作内墙和顶棚的粉刷涂料。

（2）配制灰土和三合土

灰土（石灰＋黏土）和三合土（石灰＋黏土＋砂、石或炉渣等填料）的应用，在我国有很长的历史，经夯实后广泛用作建筑物的基础、路面或地面的垫层，其强度和耐水性比石灰或黏土都高。

（3）制作碳化石灰板

碳化石灰板是将磨细生石灰、纤维状填料（如玻璃纤维）或轻质骨料（如矿渣）搅拌、成型，然后经人工碳化而成的一种轻质板材。为了减小表观密度和提高碳化效果，多制成空心板。这种板材能锯、能刨、能钉，适宜作非承重内隔墙板、顶棚等。

（4）制作硅酸盐制品

磨细生石灰与砂或粒化高炉矿渣、炉渣、粉煤灰等硅质材料混合成型，再经常压或高压蒸汽养护，就可制得密实或多孔的硅酸盐制品，如灰砂砖、硅钙板、粉煤灰砖、加气混凝土砌块等。

（5）配制无熟料水泥

将具有一定活性的材料，如粒化高炉矿渣、粉煤灰、煤矸石、灰渣等工业废渣，按适当比例加以石灰，经共同磨细，可得到具有水硬性的胶凝材料，即为无熟料水泥。

2. 石灰的储运

石灰在运输时要采取防水措施，不准与易燃、易爆及液体物品同时装运。运到现场的石灰产品，应分类、分等存放在干燥的仓库内，不宜长期存储。石灰存放时间过长，会从空气中吸收水分而消解，再与二氧化碳作用，形成碳化层，失去熟化作用和胶结性，造成浪费。储运中的石灰遇水，不仅会自行消解冲失，还会因体胀破袋，因放热导致易燃物烧着。熟化好的石灰膏，也不宜长期暴露在空气中，表面应加好覆盖层，以防碳化硬结。

2.2　石膏

石膏是一种以硫酸钙为主要成分的气硬性胶凝材料。石膏不仅是重要的工业原料，而且是新型建材与装饰的重要材料，可用于水泥缓凝剂、石膏建筑制品、模型制作、食品添加剂、中药方剂、纸张填料、油漆填料等。

2.2.1　建筑石膏的生产、水化与凝结硬化

石膏是以天然石膏矿（生石膏或二水石膏）为主要原料，在一定的温度下经煅烧后，所得的以半水硫酸钙为主要成分，不加任何外加剂的粉状气硬性无机胶凝材料。

将建筑石膏加水后，它首先溶解于水，然后生成二水石膏析出。随着水化的不断进行，生成的二水石膏胶体微粒不断增多，这些微粒比原先更加细小，比表面积很大，吸附着很多的水分；同时浆体中的自由水分由于水化和蒸发而不断减少，浆体的稠度不断增

加，胶体微粒间的黏结逐步增强，颗粒间产生摩擦力和黏结力，使浆体逐渐失去可塑性，即浆体逐渐产生凝结。继续水化，胶体转变成晶体。晶体颗粒逐渐长大，使浆体完全失去可塑性，产生强度，即浆体产生了硬化。这一过程不断进行，直至浆体完全干燥，强度不在增加，此时浆体已硬化成人造石材。

2.2.2 建筑石膏的技术指标

建筑石膏分为三类，即天然建筑石膏（N）、脱硫建筑石膏（S）、磷建筑石膏（P）；每一类又按 2h 抗折强度分为 3.0、2.0、1.6 三个等级。《建筑石膏》GB/T 9776—2008 对石膏的物理力学性能要求要求，分别如表 2-3 所示。

《建筑石膏》GB/T 9776—2008 物理力学性能　　表 2-3

等级	细度(0.2mm方孔筛筛余)/%	凝结时间/min		2h 强度/MPa	
		初凝	终凝	抗折	抗压
3.0				≥3.0	≥6.0
2.0	≤10	≥3	≤30	≥2.0	≥4.0
1.6				≥1.6	≥3.0

建筑石膏按产品名称、代号、等级及标准编号的顺序标记。例如：等级为 2.0 的天然建筑石膏标记如下：建筑石膏 N2.0 GB/T 9776—2008。

2.2.3 建筑石膏的特性

建筑石膏的性质与应用

1. 凝结硬化快

建筑石膏在加水拌合后，浆体在几分钟内便开始失去可塑性，30min 内完全失去可塑性而产生强度，大约一星期左右完全硬化。为满足施工要求，需要加入缓凝剂，如硼砂、酒石酸钾、柠檬酸、聚乙烯醇、石灰活化骨胶或皮胶等。

2. 凝结硬化时体积微膨胀

石膏浆体在凝结硬化初期会产生微膨胀。这一性质让石膏制品的表面光滑、细腻、尺寸精确、形体饱满、装饰性好。

3. 孔隙率大

建筑石膏在拌合时，为使浆体具有施工要求的可塑性，需加入石膏用量 60%～80% 的用水量，而建筑石膏水化的理论需水量为 18.6%，所以大量的自由水在蒸发时，在建筑石膏制品内部形成大量的毛细孔隙。导热系数小，吸声性较好，属于轻质保温材料。

4. 吸湿性强耐水性差

建筑石膏硬化后具有较大的孔隙率，且开口孔和毛细孔的数量较多，使石膏具有较强的吸湿性。这种吸湿性可以调节室内空气的湿度。硬化后的二水硫酸钙微溶于水，吸水饱和后石膏强度明显下降。软化系数较小，一般为 0.20～0.30。石膏制品不适用于潮湿环境及水中的工程部位。

5. 防火性好

石膏制品在遇火灾时，二水石膏将脱出结晶水，吸热蒸发，并在制品表面形成蒸汽幕和脱水物隔热层，可有效减少火焰对内部结构的危害。建筑石膏制品在防火的同时自身也会遭到损坏，而且石膏制品也不宜长期用于靠近 65℃ 以上高温的部位，以免二水石膏在此温度下失去结晶水，从而失去强度。

6. 具有良好的可加工性和装饰性

建筑石膏制品在加工和使用时，可以采用很多加工方式，如锯、刨、钉、钻、螺栓连接等。质量较纯净的石膏，采用模具经浇注成型可形成各种图案，具有较好的装饰效果。

2.2.4　建筑石膏的应用

1. 建筑石膏

（1）室内高级粉刷和配制石膏砂浆。石膏颜色洁白，材质细密，与水调制成的石膏浆体可用于室内高级粉刷。加入少许颜料可配制不同色彩的石膏浆体，可作彩色墙面。

（2）建筑石膏也可用作油漆、涂料打底用腻子的原料。

（3）生产各种建筑装饰石膏制品。用建筑石膏可以生产各种建筑石膏制品，如普通纸面石膏板、装饰石膏板、浮雕艺术石膏装饰配件等。石膏装饰制品无毒无味，外观造型线条分明，表面饱满洁白，质感光滑细腻，是室内装饰装修中常用的材料。

2. 模型石膏和高强石膏

模型石膏主要制作陶瓷工业的模型或制作室内雕塑。高强石膏用于有较高要求的装饰工程，与纤维材料一起可生产高质量的石膏板材；掺入防水剂后石膏制品的耐水性大大提高，用于湿度较高的环境。

2.2.5　建筑石膏的储运和保管

建筑石膏在运输与储存时不得受潮和混入杂物。不同等级的建筑石膏应分别储运，不得混杂。建筑石膏自生产之日算起，贮存期为 3 个月。3 个月之后应重新进行质量检验，以确定其质量等级。

2.3　水玻璃

水玻璃为硅酸钠溶液状态，南方多称水玻璃，北方多称泡花碱。硅酸钠的水溶液俗称水玻璃，硅酸钠在以水为分散剂的体系中为无色、略带色的透明或半透明黏稠状液体。

水玻璃的用途非常广泛，化工行业用作制造硅胶等；轻工业是洗衣粉、肥皂等洗涤剂的原料，纸板、纸箱行业用作粘合剂；在纺织业用于助染、漂白和浆纱；机械行业用于铸造、砂轮制造和金属防腐剂等；在建筑行业用于制造快干水泥、耐酸水泥、耐火材料等；

在农业方面可作硅素肥料。

2.3.1 水玻璃的生产、硬化

1. 水玻璃的生产

硅酸钠的生产方法分干法（固相法）和湿法（液相法）两种。

干法：产品以固体形式出现，主要方法是使用纯碱和石英砂为原料，经过称量混料后进入窑炉在 1300～1500℃ 的高温进行融化，然后成型形成固态产品。固态产品加水溶解后形成液态产品，最终进入市场。

湿法：采用石英砂和氢氧化钠溶液，在压蒸锅内用蒸汽加热，直接反应成液体水玻璃。

2. 水玻璃的硬化

液体水玻璃在空气中吸收二氧化碳，形成无定形硅酸凝胶，并逐渐干燥硬化。

由于空气中的二氧化碳浓度较低，这个过程进行得非常缓慢，为加速硬化和提高硬化后的防水性，常加入氟硅酸钠作为促硬剂，促使硅酸凝胶加速析出。氟硅酸钠的适宜掺量为水玻璃重量的 12%～15%。

2.3.2 水玻璃的性质

1. 粘结力和强度较高

水玻璃硬化后的主要成分为硅凝胶和固体，比表面积大，因而具有较高的粘结力。但水玻璃自身质量、配合料性能及施工养护对强度有显著影响。

2. 耐酸性好

可以抵抗除氢氟酸、热磷酸和高级脂肪酸以外的几乎所有无机和有机酸。

3. 耐热性好

硬化后形成的二氧化硅网状骨架，在高温下强度下降很小，当采用耐热耐火骨料配制水玻璃砂浆和混凝土时，耐热度可达 1000℃。因此水玻璃混凝土的耐热度，也可以理解为主要取决于骨料的耐热度。

4. 耐碱性和耐水性差

因其混合后易溶于碱，故水玻璃不能在碱性环境中使用。同样由于硅酸钠、氟化钠、碳酸钠均溶于水而不耐水，但可采用中等浓度的酸对已硬化水玻璃进行酸洗处理，提高耐水性。

2.3.3 水玻璃的应用

1. 用作涂料

水玻璃可以涂刷在天然石材、水泥混凝土和硅酸盐制品表面，能够填充材料的孔隙，提高其密实度、强度和耐久性。

2. 配制耐酸材料

水玻璃具有较强的耐酸性，除了少数酸如氢氟酸外，几乎对所有酸有较高的化学稳定性。与耐酸粉料、粗细集料一起，配制耐酸胶泥、耐酸砂浆和耐酸混凝土等。

3. 作为耐热材料、耐火材料的胶凝材料

水玻璃硬化后具有良好的耐热性，与耐热骨料一起配制成耐热砂浆、耐热混凝土。

4. 加固土壤和地基

用水玻璃与氯化钙溶液交替灌入地基土壤内，可固结土壤，提高地基的承载能力。

思考及练习题

一、单选题

1. 石灰熟化过程中的"陈伏"是为了（　　）。

A. 有利于结晶　　　　　　　　　　B. 消除过火石灰的危害

C. 蒸发多余水分　　　　　　　　　D. 降低发热量

2. 石灰在消解（熟化）过程中（　　）。

A. 体积不变　　　　　　　　　　　B. 与 Ca（OH）$_2$ 作用形成 CaCO$_3$

C. 体积明显缩小　　　　　　　　　D. 放出大量热量

3. 水玻璃在空气中硬化很慢，通常定要加入促硬剂才能正常硬化，其用的硬化剂是（　　）。

A. Na$_2$SiF$_6$　　　　B. Na$_2$SO$_4$　　　　C. NaF　　　　D. NaCl

4. 建筑石膏凝结硬化时，最主要的特点是（　　）。

A. 体积膨胀大　　　B. 体积收缩大　　　C. 放出大量的热　　　D. 凝结硬化快

5. 水玻璃通常不可作为（　　）来使用。

A. 防冻材料　　　B. 涂料　　　C. 耐热材料　　　D. 粘合剂

二、多选题

1 石膏类板材具有（　　）的特点。

A. 质量轻　　　　　　　　　　　　B. 隔热、吸声性能好

C. 防火加工性能好　　　　　　　　D. 耐水性好

E. 强度

2. 石膏、石膏制品宜用于下列（　　）工程。

A. 顶棚饰面材料　　　　　　　　　B. 内、外墙粉刷（遇水溶解）

C. 冷库内贴墙面　　　　　　　　　D. 非承重隔墙板材

E. 剧场穿孔贴面板

3. （　　）成分含量是评价石灰质量的主要指标

A. 氧化钙　　　　　　　　　　　　B. 碳酸镁

C. 氢氧化钙　　　　　　　　　　　D. 碳酸钙

E. 氧化镁

4. 属于水玻璃性质的选项有（　　）。

A. 有着良好的耐热性　　　　　　　B. 具有较强的黏结力

C. 具有很强的耐酸腐蚀性　　　　　　　D. 具有较强的保水性

E. 具有一定的防渗作用

三、简答题

1. 何谓气硬性胶凝材料？与水硬性胶凝材料的差异是什么？

2. 石灰为什么需要"陈伏"？

3. 建筑石膏及其制品为什么适用于室内，而不适用于室外使用？

教学单元 **3**

Chapter **03**

水泥

教学目标

1. 知识目标：

（1）掌握硅酸盐水泥熟料的矿物组成、技术性质和技术要求。

（2）掌握硅酸盐水泥石腐蚀的种类、产生原因及防止措施。

（3）掌握硅酸盐水泥的分类，生产工艺，影响硅酸盐水泥水化、凝结硬化的主要因素。

2. 能力目标：

（1）具备水泥技术性质检测的能力。

（2）具备独立完成水泥检验的试验操作的能力。

思维导图

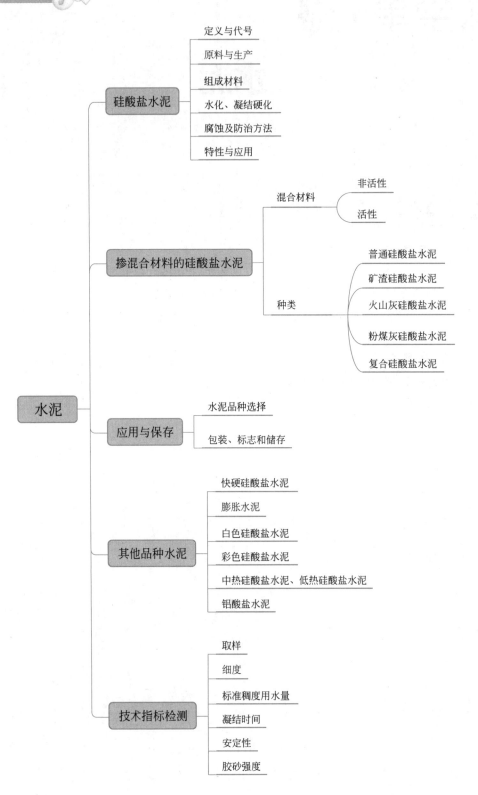

水泥是重要的建筑材料之一，作为粉末状的无机水硬性胶凝材料，当它与水混合后，在常温下经物理、化学作用，能由可塑性浆体凝结硬化成坚硬的石状体，可用来制作混凝土、钢筋混凝土和预应力混凝土构件，也可配制各类砂浆用于建筑物的砌筑、抹面、装饰等。不仅大量应用于工业和民用建筑，还广泛应用于公路、桥梁、水利等工程。

3.1　硅酸盐水泥

3.1.1　硅酸盐水泥的定义、代号

凡由硅酸盐水泥熟料和适量石膏及规定的混合料磨细制成的水硬性胶凝材料，称为硅酸盐水泥。硅酸盐水泥分两类：不掺加混合材料的称Ⅰ型硅酸盐水泥，代号P·Ⅰ；在水泥磨细时掺入不超过水泥质量5%的石灰石或粒化高炉矿渣的称Ⅱ型硅酸盐水泥，代号P·Ⅱ。

3.1.2　硅酸盐水泥的原料与生产

1. 硅酸盐水泥的原料

生产硅酸盐水泥的原料主要是石灰石、黏土和铁矿粉。石灰质原料主要提供 CaO，黏土质原料主要提供 SiO_2、Al_2O_3 及少量的 Fe_2O_3，铁矿粉主要提供 Fe_2O_3 和 SiO_2。

2. 硅酸盐水泥的生产工艺

硅酸盐水泥生产过程是将原料按一定比例混合磨细，先制得具有适当化学成分的生料，生料在水泥窑（回转窑或立窑）中煅烧至部分熔融，冷却后而得硅酸盐水泥熟料，最后再加适量石膏共同磨细至一定细度即得硅酸盐水泥。水泥的生产过程可概括为"两磨一烧"，其生产设备及工艺流程如图3-1及图3-2所示。

"两磨一烧"的具体步骤是：先把几种原材料按适当比例配合后磨细，制得具有适当化学成分的生料，再将生料在水泥窑中经过1400～1500℃的高温煅烧至部分熔融，冷却后即得硅酸盐水泥熟料，把煅烧好的熟料和适量石膏、石灰石或粒化高炉矿渣混合磨细至一定的细度，即得硅酸盐水泥。

在硅酸盐水泥生产中加入适量的石膏的目的是延缓水泥的凝结速度，使之便于施工操作，如果不加入石膏，水泥熟料煅烧磨细与水拌和后会立即凝结。石膏的掺加量一般为水泥质量的3%。作为缓凝剂的石膏，可采用建筑石膏或工业副产品石膏。

图 3-1　生产硅酸盐水泥的设备

(a) 破碎机；(b) 球磨机；(c) 立炉；(d) 回转炉

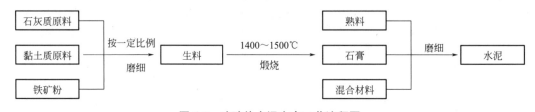

图 3-2　硅酸盐水泥生产工艺流程图

3.1.3　硅酸盐水泥的组成材料

硅酸盐水泥熟料主要由四种矿物组成，分别为：硅酸三钙（$3CaO \cdot SiO_2$）、硅酸二钙（$2CaO \cdot SiO_2$）、铝酸三钙（$3CaO \cdot Al_2O_3$）和铁铝酸四钙（$4CaO \cdot Al_2O_3 \cdot Fe_2O_3$）。其中硅酸三钙、硅酸二钙的含量一般在总量的 75% 以上。硅酸盐水泥熟料除以上四种主要矿物外，还有少量的未反应的游离氧化钙、游离氧化镁和碱等，其总含量一般不超过水泥质量的 10%，若这些成分的含量过高，对水泥的性能影响很大，如若游离氧化钙和游离氧化镁含量过高，会导致水泥的安全性不良，若含碱矿物的含量过高，易产生碱-骨料膨胀反应。

硅酸盐水泥熟料各主要矿物含量范围、特性见表 3-1。水泥在水化过程中，四种矿物组成表现出不同的反应特性，可通过调整原材料的配料比例来改变熟料矿物组成的相对含量，使水泥的性质发生相应变化。如提高硅酸三钙含量，可制成高强快硬水泥；适当降低硅酸三钙和铁铝酸三钙含量，同时提高硅酸二钙含量，可制得低热水泥或中热水泥。

硅酸盐水泥熟料的主要矿物及其特性　　　　　　　　　　　　　　　表 3-1

矿物组成				矿物特性				
矿物名称	简写式	含量(%)	密度(g/cm³)	强度	水化热(J/g)	凝结硬化速度	耐腐蚀性	干缩
硅酸三钙	C_3S	37～60	3.25	高	大	快	差	中
硅酸二钙	C_2S	15～37	3.28	早期低后期高	小	慢	好	中
铝酸三钙	C_3A	7～15	3.04	低	最大	最快	最差	大
铁铝酸四钙	C_4AF	10～18	3.77	中	中	中	中	小

3.1.4　硅酸盐水泥的水化、凝结硬化

硅酸盐水泥的水化与凝结硬化

硅酸盐水泥由熟料矿物和石膏组成，是一个多矿物的集合体，硅酸盐水泥熟料中的四种主要矿物成分的水化硬化特性各有不同，这些矿物的水化硬化性质决定了水泥的性质。

在水泥熟料的四种矿物成分中，C_3S 的水化速率较快，水化热较大，其水化产物主要在早期产生，其早期强度最高，且能不断得到增长，故它通常是决定水泥强度等级高低的最主要矿物。

C_2S 的水化速率最慢，水化热最小，其水化产物主要在后期产生，对水泥后期强度的增长至关重要，因此它是保证水泥后期强度增长的主要矿物。

C_3A 的水化速率极快，水化热也集中，其水化产物主要集中在早期，对水泥的 3d 强度有很大影响，硬化时体积减缩也比较明显，本身强度不高。

C_4AF 的水化速率也较快，但慢于 C_3A，抗折强度相对较高，有助于提高水泥的抗折强度，降低水泥的脆性。

硅酸盐水泥熟料中各主要矿物强度增长曲线如图 3-3 所示。

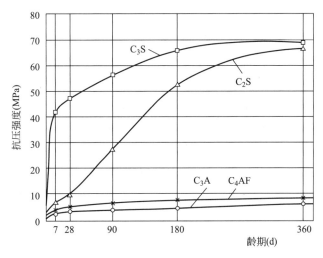

图 3-3　硅酸盐水泥熟料中各主要矿物强度增长曲线

1. 硅酸盐水泥的水化

水泥加水拌合后，水泥颗粒立即分散于水中并与水发生化学反应，各组分开始溶解，形成水化物，放出一定热量，固相体积逐渐增加。水泥熟料各种矿物水化反应可近似用如下化学反应式表示：

$$2(3CaO \cdot SiO_2) + 6H_2O \rightarrow 3CaO \cdot 2SiO_2 \cdot 3H_2O + 3Ca(OH)_2$$
（水化硅酸钙凝胶）　　　（氢氧化钙晶体）

$$2(2CaO \cdot SiO_2) + 4H_2O \rightarrow 3CaO \cdot 2SiO_2 \cdot 3H_2O + Ca(OH)_2$$

$$3CaO \cdot Al_2O_3 + 6H_2O \rightarrow 3CaO \cdot Al_2O_3 \cdot 6H_2O$$
（水化铝酸三钙晶体）

$$4CaO \cdot Al_2O_3 \cdot Fe_2O_3 + 7H_2O \rightarrow 3CaO \cdot Al_2O_3 \cdot 6H_2O + CaO \cdot Fe_2O_3 \cdot H_2O$$
（水化铁酸钙凝胶）

由此可见，水泥水化后的产物主要为：水化硅酸钙（$3CaO \cdot 2SiO_2 \cdot 3H_2O$）、氢氧化钙（$Ca(OH)_2$）、水化铁酸钙（$CaO \cdot Fe_2O_3 \cdot H_2O$）和水化铝酸三钙（$3CaO \cdot Al_2O_3 \cdot 6H_2O$）。另外，还有水化铝酸三钙与石膏反应生成高硫型水化硫铝酸钙（又称钙矾石），呈针状结晶析出，反应式为：

$$3CaO \cdot Al_2O_3 \cdot 6H_2O + 3(CaSO_4 \cdot 2H_2O) + 19H_2O \rightarrow CaO \cdot Al_2O_3 \cdot 3CaSO_4 \cdot 31H_2O$$
（水化硫铝酸钙）

钙矾石是一种难溶于水的针状晶体，沉淀在水泥颗粒表面，阻止了水分的进入，降低了水泥的水化速度，减缓了水泥的凝结时间。

以上是水泥水化的主要反应，在水化产物中，水化硅酸钙所占比例最大，占70%以上；氢氧化钙次之，占20%左右。其中，水化硅酸钙、水化铁酸钙为凝胶体；而氢氧化钙、水化铝酸钙、钙矾石皆为晶体。

硅酸盐水泥的水化反应为放热反应，其放出的热量称为水化热。水化热的大小与水泥的细度、水灰比、温度等因素有关，水泥的颗粒越细，早期放热越显著。

2. 硅酸盐水泥的凝结、硬化

水泥加水拌合后形成可塑性的水泥浆，随着水化反应的进行，水泥浆体逐渐变稠失去可塑性，这一过程称为水泥的凝结；随着反应的继续进行，失去可塑性的水泥浆逐渐产生强度并发展成为坚硬的水泥石，这一过程称为水泥的硬化。水化是凝结硬化的前提，凝结硬化是水化的结果。水泥的凝结、硬化是人为划分的，实际上是一个连续、复杂的物理化学变化过程。目前通常把硅酸盐水泥凝结硬化过程由图3-4所示的几个过程来表示。

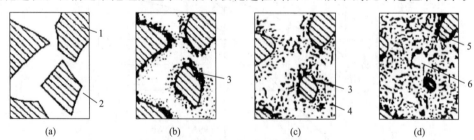

图3-4　硅酸盐水泥的凝结硬化过程

1—水泥颗粒；2—水分；3—凝胶；4—晶体；5—水泥颗粒的未水化内核；6—毛细孔

（a）分散在水中为未水化的水泥颗粒；（b）水泥颗粒周围生成胶状膜层；

（c）水化物膜层增厚，破裂；（d）水化产物增多填充毛细孔

水泥加水后，水泥颗粒迅速分散于水中，如图 3-4（a）所示。从加水开始到拌合物初凝时止，水泥颗粒表面迅速发生水化反应，在水泥颗粒表面形成凝胶状膜层，并从中析出六方片状的氢氧化钙晶体和棒状钙矾石晶体，如图 3-4（b）所示。之后水泥颗粒被水化硅酸钙形成的一层包裹膜完全包住，并不断向外增厚，逐渐在膜内沉积，同时，膜的外侧生长出长针状钙矾石晶体，膜内侧则生成低硫型水化硫铝酸钙。这期间膜层和长针状钙矾石晶体长大，将各颗粒连接起来，使水泥凝结，如图 3-4（c）所示。同时，大量形成的水化硅酸钙长纤维状晶体和钙矾石晶体一起，使水泥石网状结构不断致密，逐步发挥出强度，大约是 1d 以后直到水化结束，水泥水化反应渐趋减缓，各种水化产物逐渐填满原来由水占据的空间，由于颗粒间间隙较小，水化硅酸钙呈短纤维状，水化产物不断填充水泥石网状结构，使之不断致密，渗透率降低，强度增加，如图 3-4（d）所示。随着水化的进行，凝胶体膜层越来越厚，水泥颗粒内部的水化越来越困难，经过几个月甚至若干年的长时间水化后，多数颗粒仍剩余未水化的内核。因此，在硬化水泥石中，同时包含有水泥熟料的水化产物、未水化的水泥颗粒、水（自由水和吸附水）和孔隙（毛细孔和凝胶孔），它们在不同时期相对数量的变化，使水泥石的性质随之改变。

3. 影响硅酸盐水泥凝结硬化的主要因素

影响水泥凝结硬化的因素很多，主要有水泥的组成成分、水泥细度、养护的温度和湿度、养护龄期、拌合物用水量、存储条件等。

（1）水泥的组成成分的影响

如表 3-1 所示，水泥中各矿物成分的含量不同，水泥性质就会有所变化。如适当提高 C_3S、C_3A 的含量，可得到快硬高强水泥；加入石膏可延缓水泥凝结；降低 C_3A 的含量可降低水化热，提高耐腐蚀性能。

（2）水泥细度的影响

水泥的细度直接影响水泥的水化速率，颗粒越细小，其表面积越大，与水的接触面积就越大，水化作用就越迅速越充分，使凝结硬化速率加快，早期强度越高。但水泥颗粒过细时，在磨细时的成本会显著提高，硬化时会产生较大的体积收缩，水泥的细度要控制在一个合理的范围。

（3）养护条件的影响

作为水硬性胶凝材料，硅酸盐水泥的水化反应是水泥凝结硬化的前提。因此，水泥加水拌合后，拌合物中的水分含量必须满足水泥的水化反应所需水量，若水分不足，会使水化停止，并且在养护期间必须保持湿润状态，以保证水化进行和获得强度增长。提高养护温度，可加速水化反应，提高水泥的早期强度，但后期强度可能会有所下降。

（4）养护龄期和存储条件的影响

根据传统的水泥凝结硬化机理，随着水化的进行，凝胶体膜层越来越厚，水泥颗粒内部的水化越来越困难，多数颗粒的内核很难完全水化，因此水泥的水化硬化是一个长期不断进行的过程，随着养护龄期的增长，水化产物不断积累，水泥石结构趋于致密，强度不断增长。

水泥应该储存在干燥的环境里。如果水泥受潮，其部分颗粒会因水化而结块，从而失去胶结能力，强度严重降低。

3.1.5 硅酸盐水泥的技术性质

1. 水泥化学性质

（1）氧化镁、三氧化硫含量。水泥中氧化镁的含量不宜超过 5.0%。如果水泥经蒸压安定性试验合格，则水泥中氧化镁的含量允许放宽到 6.0%。水泥熟料中氧化镁水化后体积膨胀，可导致水泥安全性不良。

水泥中三氧化硫含量不得超过 3.5%。水泥中过量的三氧化硫会与铝酸三钙形成较多的钙矾石，体积膨胀，导致水泥体积安定性不良。

（2）碱含量。碱含量是指水泥中 Na_2O 和 K_2O 的含量。水泥中碱含量（按 $Na_2O+0.658K_2O$ 计算）不得大于 0.60%。

（3）烧失量。Ⅰ型硅酸盐水泥中烧失量不得大于 3.0%，Ⅱ型硅酸盐水泥中烧失量不得大于 3.5%。用烧失量来限制石膏和混合材料中杂质含量，以保证水泥质量。

（4）不溶物。Ⅰ型硅酸盐水泥中不溶物含量不得超过 0.75%，Ⅱ型硅酸盐水泥中不溶物含量不得超过 1.5%。不溶物主要是指煅烧过程中存留的残渣，不溶物含量高对水泥质量有不良影响。

2. 水泥的物理和力学性质

（1）细度

水泥的细度是指水泥颗粒的粗细程度。细度是影响水泥的重要指标。硅酸盐水泥的细度用比表面积表示，比表面积应不小于 $300m^2/kg$。

（2）凝结时间

水泥的凝结时间分为初凝时间和终凝时间。初凝时间是指从水泥净浆加水拌和到标准稠度净浆开始失去可塑性的时间；终凝时间是指从水泥净浆加水拌和到水泥标准稠度净浆完全失去可塑性的时间。按国家标准《水泥标准稠度用水量、凝结时间、安定性检验方法》GB 1346—2011 的规定，水泥的凝结时间是以标准稠度用水量拌合成的水泥净浆，在标准温度、湿度下测定的。

硅酸盐水泥的初凝时间不得早于 45min，终凝时间不迟于 390min。

（3）标准稠度用水量

水泥净浆标准稠度是对水泥净浆以标准方法拌制、测试并达到规定的可塑性程度时的稠度。水泥净浆标准稠度用水量是指水泥净浆达到标准稠度时所需的加水量，常以水和水泥质量之比的百分数表示。水泥的标准稠度用水量一般为 24%～33%，根据水泥中矿物成分或掺料的含量不同时，标准稠度用水量也有所差别。在测定水泥凝结时间和体积安定性时，为了具有可比性，必须采用标准稠度的水泥浆。

水泥的标准稠度用水量按国家标准《水泥标准稠度用水量、凝结时间、安定性检验方法》GB 1346—2011 的规定的方法测定。

（4）体积安定性

水泥体积安定性是指水泥在凝结硬化过程中体积变化的均匀性。体积安定性不合格的水泥，不得用于任何工程。

水泥体积安定性不良的原因是由于水泥熟料中游离氧化钙、游离氧化镁过多或石膏掺量过多，其水化产物体积膨胀使水泥石开裂。

根据国家标准《水泥标准稠度用水量、凝结时间、安定性检验方法》GB 1346—2011
的规定，由游离氧化钙引起的水泥体积安定性不良可采用沸煮法检验，用沸煮法检验必须
合格，可以用试饼法也可用雷氏法，有争议时以雷氏法为准。

（5）水化热

水化热是指水泥在水化过程中放出的热量。水化放热量和放热速度不仅影响其凝结硬
化速度，而且由于热量的积蓄会产生某些不良后果。如在大体积混凝土中宜采用水化热较
低的硅酸盐水泥，以免产生温度裂缝。

硅酸盐水泥中水化热的多少不仅取决于矿物成分，而且还与水泥细度、水泥中所掺混
合材料及外加剂的品种和数量有关。

（6）强度及强度等级

水泥强度等级按 3d 和 28d 的抗压强度和抗折强度来划分，分为 42.5、42.5R、52.5、
52.5R、62.5 和 62.5R 六个等级，硅酸盐水泥的型号分为普通型和早强型（R）两个型
号。各强度等级的各龄期强度不得低于表 3-2 中规定的数值。

硅酸盐水泥各龄期的强度要求   表 3-2

强度等级	抗压强度（MPa）		抗折强度（MPa）	
	3d	28d	3d	28d
42.5	≥17.0	≥42.5	≥3.5	≥6.5
42.5R	≥22.0		≥4.0	
52.5	≥23.0	≥52.5	≥4.0	≥7.0
52.5R	≥27.0		≥5.0	
62.5	≥28.0	≥62.5	≥5.0	≥8.0
62.5R	≥32.0		≥5.5	

国家标准规定：通用硅酸盐水泥凡凝结时间、强度、体积安定性、三氧化硫、氧化
镁、氯离子、不溶物、烧失量等指标中任一项不符合规定的，为不合格品。

3.1.6 水泥石的腐蚀及防治方法

在通常使用条件下，硅酸盐水泥硬化后形成的水泥石有较好的耐久性。但当水泥石长
时间处于侵蚀性介质中会发生腐蚀，导致强
度降低，甚至破坏，图 3-5 是水泥制品受腐
蚀的情况。

引起水泥石腐蚀的原因很多，如软水腐
蚀、盐类腐蚀、酸类腐蚀、强碱腐蚀等。水
泥石的腐蚀是一个极为复杂的物理化学作用
过程，且很少为单一的腐蚀作用，常常是几
种作用同时存在，相互影响。但发生水泥石
受腐蚀的根本原因为：一是水泥石中存在着

图 3-5 水泥制品受腐蚀

易受腐蚀的氢氧化钙和水化铝酸钙；二是水泥石本身不密实而使侵蚀性介质易于进入其内部；三是外界因素的影响，如腐蚀介质的存在，环境温度、湿度、介质浓度的影响。

根据水泥石产生腐蚀的原因，可采取以下措施防止水泥石的腐蚀：

（1）根据水泥使用环境的特点，合理选用水泥品种。

（2）提高水泥石的密实度，改善孔隙结构，阻碍侵蚀介质溶液的侵入。

（3）采用耐腐蚀的石料、陶瓷、塑料、沥青等材料加做表面保护层，隔断侵蚀性介质与水泥石的接触。

3.1.7 硅酸盐水泥的特性

硅酸盐水泥的性质与应用

（1）凝结硬化快、强度高。硅酸盐水泥凝结硬化速度快，早期强度和后期强度都较高。

（2）水化热大。硅酸盐水泥中硅酸三钙和铝酸三钙的含量高，水化时放出的热量较大。

（3）抗冻性好。硅酸盐水泥硬化后的水泥石结构密实，抗冻性好。

（4）抗碳化性好。硅酸盐水泥硬化后的水泥石显示强碱性，埋于其中的钢筋在碱性环境中表面生成一层钝化膜，可保持钢筋几十年不生锈。

（5）耐腐蚀性差。由于硅酸盐水泥石中有较多的氢氧化钙，故耐软水和耐化学腐蚀性差。

（6）耐热性差。硅酸盐水泥石当受热达到250℃时，水化产物开始脱水，体积收缩强度下降，温度达700~1000℃时，强度下降很大，甚至完全破坏。

（7）湿热养护效果差。硅酸盐水泥在常规养护条件下硬化块、强度高，但经过蒸汽养护后再经自然养护至28d测得的抗压强度往往低于未经蒸汽养护的28d的抗压强度。

（8）干缩小。硅酸盐水泥在硬化过程中形成大量的水化硅酸钙凝胶体，使水泥石密实，游离水分少，不易产生干缩裂纹。

（9）耐磨性好。硅酸盐水泥强度高、干缩小，表面不易起粉尘，因此耐磨性较好。

3.1.8 硅酸盐水泥的应用

根据硅酸盐水泥的特性，由于其快硬、高强，因此，适用于早期强度有较高要求的混凝土、重要结构的高强度混凝土和预应力混凝土工程；由于其水化热大，故不宜用于大体积混凝土工程，但适用于严寒地区遭受反复冻融的工程和抗冻性要求高的工程；由于其耐腐蚀性差，故适用于一般地上工程和不受侵蚀的地下工程、无腐蚀性水中的受冻工程，不宜用于海水和有腐蚀介质存在的工程。

3.2 掺混合材料的硅酸盐水泥

凡在硅酸盐水泥熟料中，掺入一定量（大于5%）的混合材料和适量石膏共同磨细制成的水硬性胶凝材料称为掺混合材料的硅酸盐水泥。混合材料的加入可以改善水泥的某些性能，拓宽水泥强度等级，扩大应用范围，并能降低水泥生产成本；如果掺加的混合材料为工业废料，还能减少环境污染。

3.2.1　混合材料

混合材料是指在磨制水泥时加入的各种矿物材料。水泥混合材料包括非活性混合材料、活性混合材料，其中活性混合材料的应用量最大。在水泥生产过程中，所掺加的混合材料的种类和数量不是任意，必须符合国家有关标准的规定，否则严禁使用。

1. 非活性混合材料

非活性混合材料是指掺入水泥后在常温下不与水泥组分发生化学反应，仅起填充作用的矿物材料。非活性混合材料加入水泥中的作用是提高水泥产量，降低生产成本，降低强度等级，减少水化热，改善耐腐蚀性及和易性等。这类材料有磨细的石灰石、石英砂、硬矿渣、黏土和各种符合要求的工业废渣等。窑灰作为水泥回转窑窑尾废气中收集下的粉尘，活性较低，一般也作为非活性混合材料。由于非活性混合材料加入会降低水泥强度，其加入量一般较少。

2. 活性混合材料

活性混合材料是指能与水泥熟料的水化产物 $Ca(OH)_2$、石灰或石膏等发生化学反应，并形成水硬性胶凝材料的矿物质材料。因活性混合材料的掺加量较大，改善水泥性质的作用更加显著，而且当其活性激发后可使水泥后期强度有较大提高。常用的活性混合材料有粒化高炉矿渣、火山灰质材料和粉煤灰等。

（1）粒化高炉矿渣

粒化高炉矿渣是高炉炼铁所得的以硅酸钙和铝酸钙为主要成分的熔融物，经急速冷却而成的颗粒（图 3-6）。粒化高炉矿渣中含有活性 SiO_2 和活性 Al_2O_3，与水化产物 $Ca(OH)_2$、水等作用形成新的水化产物而产生凝胶作用。

图 3-6　粒化高炉矿渣

（2）火山灰质混合材料

火山灰质混合材料的品种很多，天然矿物材料有火山灰、凝灰岩、浮石和硅藻土等（图 3-7）；工业废渣和人工制造的材料有天然煤矸石、煤渣、烧黏土和硅灰等。此类材料的活性成分也是活性 SiO_2 和活性 Al_2O_3，其潜在水硬性原理同粒化高炉矿渣。

图 3-7　火山灰质混合材料

（3）粉煤灰混合材料

粉煤灰是火力发电厂用收尘器从烟道中收集的灰粉（图 3-8），主要成分是活性 SiO_2 和活性 Al_2O_3，其潜在水硬性原理同粒化高炉矿渣。

图 3-8　粉煤灰混合材料

活性混合材料在常温下与水拌合时，本身不会水化或水化硬化极为缓慢，基本没有强度。但在 Ca（OH）$_2$ 溶液中，会发生显著的水化作用，并随 Ca（OH）$_2$ 浓度的提高反应越快。活性混合材料水化较水泥熟料慢，其温度敏感性较高，低温下反应缓慢，高温下水化速率迅速加快，适合于在高温湿热条件下养护。

3.2.2　掺混合材料的硅酸盐水泥的种类及技术要求

普通硅酸盐水泥

1. 普通硅酸盐水泥

凡由硅酸盐水泥熟料、适量的活性混合材料和石膏共同磨细制成的水硬性胶凝材料，称为普通硅酸盐水泥（简称普通水泥），代号为 P·O。当掺活性混合材料时，最大掺量不得超过水泥质量的 20%，其中允许用不超过水泥质量 5% 的窑灰或不超过水泥质量 8% 的非活性混合材料来代替；当掺非活性混合材料时，最大掺量不得超过水泥质量的 10%。

普通硅酸盐水泥的主要组分仍然是硅酸盐水泥熟料，故其特性与硅酸盐水泥相似，但由于掺加了一定的混合材料，所以某些特性又与硅酸盐水泥有所不同，如抗冻性、耐磨性较硅酸盐水泥稍差，早期硬化速度稍慢等。普通硅酸盐水泥是我国目前建筑工程中用量最大的水泥品种之一。

国家标准《通用硅酸盐水泥》GB 175—2007 对普通硅酸盐水泥的技术要求如下：

（1）细度。以比表面积表示，不小于 $300\text{m}^2/\text{kg}$。

（2）凝结时间。初凝时间不早于 45min，终凝时间不得迟于 600min。

（3）强度和强度等级。普通硅酸盐水泥的强度等级及 3d、28d 的抗折和抗压强度要求见表 3-3。

普通硅酸盐水泥各龄期的强度要求 表 3-3

强度等级	抗压强度（MPa）		抗折强度（MPa）	
	3d	28d	3d	28d
42.5	≥17.0	≥42.5	≥3.5	≥6.5
42.5R	≥22.0		≥4.0	
52.5	≥23.0	≥52.5	≥4.0	≥7.0
52.5R	≥27.0		≥5.0	

2. 矿渣硅酸盐水泥

由硅酸盐水泥熟料、适量的粒化高炉矿渣（大于 20% 且不超过 70%）和石膏共同磨细制成的水硬性胶凝材料称为矿渣硅酸盐水泥，并分为 A 型与 B 型，当矿渣掺量大于 20% 且不超过 50% 时为 A 型，代号为 P·S·A，当矿渣掺量大于 50% 且不超过 70% 时为 B 型，代号为 P·S·B；允许用石灰石、窑灰、粉煤灰和火山灰质混合材料中的一种材料代替矿渣，代替数量不得超过水泥质量的8%，替代后水泥中粒化高炉矿渣不得少于 20%。

 其他通用硅酸盐水泥

根据《通用硅酸盐水泥》GB 175—2007，矿渣硅酸盐水泥的技术性质和不同强度等级的矿渣硅酸盐水泥各龄期强度要求见表 3-4。

矿渣水泥、火山灰水泥、粉煤灰水泥的技术标准 表 3-4

技术性质	细度80μm方孔筛筛余量（%）	凝结时间		安定性沸煮法	MgO含量（%）	SO₃含量（%）		碱含量（%）
		初凝（min）	终凝（h）			火山灰水泥粉煤灰水泥	矿渣水泥	
指标	≤10.0	≥45	≤10	必须合格	≤6.0	≤3.5	≤4.0	供需双方商定

强度等级	抗压强度（MPa）		抗折强度（MPa）	
	3d	28d	3d	28d
32.5	≥10.0	≥32.5	≥2.5	≥5.5
32.5R	≥15.0		≥3.5	
42.5	≥15.0	≥42.5	≥3.5	≥6.5
42.5R	≥19.0		≥4.0	
52.5	≥21.0	≥52.5	≥4.0	≥7.0
52.5R	≥23.0		≥4.5	

由于矿渣硅酸盐水泥中掺加了大量的混合材料，故其水化、凝结和固化与硅酸盐水泥有较大差别。由于矿渣硅酸盐水泥中掺加了大量矿渣，水泥熟料相对减少，硅酸三钙（C_3S）和铝酸三钙（C_3A）的含量也相对减少，其水化产物的浓度也相对减少，并且矿渣与氢氧化钙[Ca（OH）$_2$]二次反应，氢氧化钙的浓度降低，因此其水化热较低，抗软水、硫酸盐侵蚀性较强，抗碳化能力较强；由于矿渣硅酸盐水泥中掺加的矿渣主要活性成分是SiO_2和Al_2O_3，熟料磨细比较困难，SiO_2和Al_2O_3需要氢氧化钙激活并且在常温下反应较慢，故矿渣硅酸盐水泥的保水性较差，凝结速度慢、早期强度低、后期强度增长潜力较大，受环境温度影响较大。

矿渣水泥耐热性好，可用于高温车间和耐热要求高的混凝土工程，不适合用于有抗渗要求的混凝土工程。

3. 火山灰质硅酸盐水泥

凡由硅酸盐水泥熟料和火山灰质混合材料、适量石膏磨细制成的水硬性胶凝材料称为火山灰质硅酸盐水泥（简称火山灰水泥），代号P·P。水泥中火山灰质混合材料掺加量大于20%且不超过40%。

根据《通用硅酸盐水泥》GB 175—2007，火山灰质硅酸盐水泥的技术性质和不同强度等级的火山灰质硅酸盐水泥各龄期强度要求见表3-4。

火山灰质硅酸盐水泥的很多特性与矿渣硅酸盐水泥相似，但也有自己的特性。由于火山灰质混合材料内部含有大量的微细孔隙，故火山灰水泥的保水性好；火山灰水泥水化后形成较多的水化硅酸钙凝胶，使水泥石结构致密，因而其抗渗性好；火山灰水泥的干缩大，水泥石易产生微细裂纹，且空气中的二氧化碳能使水化硅酸钙凝胶分解成为碳酸钙和氧化硅的混合物，使水泥石的表面产生起粉现象。

火山灰水泥适合用于有抗渗要求的混凝土工程，不宜用于干燥环境中的地上混凝土工程，也不宜用于有耐磨性要求的工程。

4. 粉煤灰硅酸盐水泥

由硅酸盐水泥熟料、适量的粉煤灰（大于20%且不超过40%）和石膏共同磨细制成的水硬性胶凝材料称为粉煤灰硅酸盐水泥，简称粉煤灰水泥，代号为P·F。

根据《通用硅酸盐水泥》GB 175—2007，粉煤灰硅酸盐水泥的技术性质和不同强度等级的粉煤灰硅酸盐水泥各龄期强度要求应如表3-4所示。

粉煤灰硅酸盐水泥的水化、凝结硬化与火山灰质硅酸盐水泥相似，但由于粉煤灰颗粒呈球形，较为致密，吸水性差，加水拌和时的内摩擦阻力小，需水性小，所以其干缩小，抗裂性好，同时配制的混凝土、砂浆和易性好，因此具有良好的抗裂性和和易性，其抗裂性甚至比硅酸盐水泥和普通硅酸盐水泥还要好。

利用粉煤灰硅酸盐水泥的干缩性小、抗裂性好、和易性好等特性，粉煤灰硅酸盐水泥可广泛应用于地下工程、大体积混凝土工程。

5. 复合硅酸盐水泥

凡由硅酸盐水泥、两种或两种以上规定的混合材料和适量石膏共同磨细制成的水硬性胶凝材料，称为复合硅酸盐水泥（简称复合水泥），代号为P·C。水泥中混合材料总掺量（按质量百分比计）为大于20%且不超过50%，允许用不超过8%的窑灰代替部分混合材料。

　　复合硅酸盐水泥的特征取决于所掺混合材料的种类、掺量及相对比例。复合硅酸盐水泥各龄期的强度不得低于表 3-5 中规定的数值。

复合硅酸盐水泥各龄期的强度　　　　　　　　　　表 3-5

强度等级	抗压强度（MPa）		抗折强度（MPa）	
	3d	28d	3d	28d
32.5	≥10.0	≥32.5	≥2.5	≥5.5
32.5R	≥15.0		≥3.5	
42.5	≥15.0	≥42.5	≥3.5	≥6.5
42.5R	≥19.0		≥4.0	
52.5	≥21.0	≥52.5	≥4.0	≥7.0
52.5R	≥23.0		≥4.5	

3.3　水泥的应用与保存

3.3.1　水泥品种的选择

水泥的选用、验收储存及保管

　　目前，在我国广泛使用的硅酸盐系水泥主要有硅酸盐水泥、普通硅酸盐水泥、矿渣硅酸盐水泥、火山灰质硅酸盐水泥、粉煤灰硅酸盐水泥和复合硅酸盐水泥，这六种水泥统称通用水泥。在混凝土结构工程中，各种水泥的使用可参照表 3-6 选择。

通用水泥的选用　　　　　　　　　　表 3-6

混凝土工程特点或所处的环境条件		优先选用	可以使用	不宜使用
普通混凝土	在普通气候环境中的混凝土	普通硅酸盐水泥	矿渣硅酸盐水泥 火山灰硅酸盐水泥 粉煤灰硅酸盐水泥	
	在干燥环境中的混凝土	普通硅酸盐水泥	矿渣硅酸盐水泥	粉煤灰硅酸盐水泥 火山灰硅酸盐水泥
	在高湿环境中的混凝土或永远处在水下的混凝土	矿渣水泥、火山灰水泥、粉煤灰水泥、复合硅酸盐水泥	普通水泥	硅酸盐水泥
	厚大体积混凝土	矿渣水泥、火山灰水泥、粉煤灰水泥、复合硅酸盐水泥		硅酸盐水泥

混凝土工程特点或所处的环境条件		优先选用	可以使用	不宜使用
有特殊要求的混凝土	要求快硬、高强（>C60）的混凝土	硅酸盐水泥	普通水泥	矿渣水泥、火山灰水泥、粉煤灰水泥、复合硅酸盐水泥
	严寒地区的露天混凝土工程，寒冷地区处于地下水位升降范围的混凝土	普通水泥	矿渣水泥（强度等级>32.5）	火山灰水泥、粉煤灰水泥、复合硅酸盐水泥
	严寒地区处在水位升降范围的混凝土	普通水泥（强度等级>42.5）		矿渣水泥、火山灰水泥、粉煤灰水泥、复合硅酸盐水泥
	有抗渗要求的混凝土	普通水泥、火山灰水泥		矿渣水泥
	有耐磨性要求的混凝土	硅酸盐水泥、普通水泥	矿渣水泥（强度等级≥42.5）	火山灰水泥、粉煤灰水泥
	受侵蚀介质作用的混凝土	矿渣水泥、火山灰水泥、粉煤灰水泥、复合硅酸盐水泥		硅酸盐水泥

3.3.2　通用硅酸盐水泥的包装、标志和储存

1. 包装

水泥可以散装或袋装，袋装水泥（图 3-9），每袋净含量为 50kg，且应不少于标志质量的 99%；随机抽取 20 袋总质量（含包装袋）应不少于 1000kg。散装水泥是指水泥从工厂生产出来之后，不用任何小包装，直接通过专用设备或容器、从工厂运输到中转站或用户手中（图 3-10）。

图 3-9　袋装水泥

图 3-10　散装水泥

其他包装形式由供需双方协商确定，但有关袋装质量要求，应符合相关规定。

2. 标志

水泥包装袋上应清楚标明：生产者名称、生产许可证标志（QS）及编号、水泥名称、代号、强度等级、出厂编号、执行标准号、包装日期、净含量。包装袋两侧应根据水泥的

品种采用不同的颜色印刷水泥名称和强度等级，硅酸盐水泥和普通硅酸盐水泥采用红色，矿渣硅酸盐水泥采用绿色；火山灰质硅酸盐水泥、粉煤灰硅酸盐水泥和复合硅酸盐水泥采用黑色或蓝色。散装发运时应提交与袋装标志相同内容的卡片。

3. 运输与贮存

水泥在运输与贮存时不得受潮和混入杂物，不同品种和强度等级的水泥在贮运中避免混杂。散装水泥应有专用运输车，直接卸入现场特制的贮仓，分别存放。

水泥在使用过程中，应按不同品种、强度等级及出厂日期分别贮运，不得混杂，并注意防水防潮。袋装水泥的堆放高度不得超过 10 袋。一般水泥的储存期为 3 个月，使用存放 3 个月以上的水泥，必须重新检验其强度，否则不得使用。

3.4　其他品种水泥

3.4.1　快硬硅酸盐水泥

快硬硅酸盐水泥是以硅酸盐水泥熟料和适量石膏磨细制成的，以 3d 抗压强度表示强度等级的水硬性胶凝材料，称为快硬硅酸盐水泥，简称快硬水泥。

快硬水泥的生产方法与普通水泥基本相同，只是较严格地控制生产工艺条件。包括：原料含有害杂质较少；设计合理的矿物组成，其硅酸三钙和铝酸三钙含量较高，前者含量为 50%～60%，后者为 8%～14%；水泥的比表面积较大，一般控制在 330～450m^2/kg。

快硬硅酸盐水泥的初凝不得早于 45min，终凝不得迟于 10h。安定性（沸煮法检验）必须合格。水泥的强度等级以 3d 抗压强度表示，分为 32.5、37.5 和 42.5 三个等级。

快硬硅酸盐水泥具有早强特点，且后期强度仍有少量增长，长期强度可靠。可用于紧急抢修工程、军事工程和低温施工工程，可配制成早强、高强度等级混凝土用于制作预应力钢筋混凝土构件等。快硬水泥易受潮变质，故贮运时须特别注意防潮，并应及时使用，不宜久存。从出厂日起，超过 1 个月，应重新检验，合格后方可使用。

3.4.2　膨胀水泥

一般水泥在硬化过程中都会产生一定的收缩，而膨胀水泥就是在硬化过程中体积产生膨胀的水泥。利用水泥在硬化过程中较大的膨胀性还可以使其在约束条件下产生自应力，因此，根据水泥膨胀效果可将其分为两类，当其自应力值小于 2.0MPa 时称为膨胀水泥，当其自应力值不小于 2.0MPa 时称为自应力水泥。

膨胀水泥的膨胀源主要来自在水化过程中产生的钙矾石，从而产生明显的体积膨胀。

常用硅酸盐系膨胀水泥主要是明矾石膨胀水泥、低热微膨胀水泥。

明矾石膨胀水泥是以一定比例的硅酸盐水泥熟料、天然明矾石、无水石膏和矿渣（或粉煤灰）共同粉磨制成。适用于收缩补偿混凝土结构、防渗混凝土、补强和防渗抹面工程、接缝和接头等。

低热微膨胀水泥是以粒化高炉矿渣为主要组分，加入适量硅酸盐水泥熟料和石膏，磨细制成的具有低水化热和微膨胀性能的水硬性胶凝材料。主要用于要求低水化热和要求补偿收缩的混凝土、大体积混凝土工程，也可用于要求抗渗和抗硫酸盐腐蚀的工程。

3.4.3 白色硅酸盐水泥

白色硅酸盐水泥是以硅酸钙为主要成分的白色硅酸盐水泥熟料，严格控制水泥中氧化铁含量，加入适量石膏磨细制成的水硬性胶材料，简称白水泥，如图 3-11 所示。

图 3-11 白色水泥粉末

通用硅酸盐水泥的颜色之所以多呈灰色，主要是含有较多的氧化铁，并且氧化铁含量越多，颜色越深，因此白水泥要保持白色，就要严格控制氧化铁及着色物质氧化锰、氧化钛的含量，并在生产过程中严防有色物质对水泥的污染。白水泥中氧化铁的含量一般是普通硅酸盐水泥的 1/10。

按国家标准《白色硅酸盐水泥》GB/T2015—2017 规定，白水泥的细度要求为 $80\mu m$ 方孔筛余不得超过 10.0%；凝结时间初凝不早于 45min，终凝不迟于 10h；体积安定性用沸煮法检验必须合格；水泥中三氧化硫含量不得超过 3.5%。

3.4.4 彩色硅酸盐水泥

彩色硅酸盐水泥是指由硅酸盐水泥熟料及适量石膏、混合材料及着色剂磨细或混合制成的，带有色彩的水硬性胶凝材料。

彩色硅酸盐水泥，主要用于建筑装饰工程中，常用于配制各种装饰混凝土和装饰砂浆，如水磨石、水刷石、人造大理石等，也可配制成彩色水泥浆用于建筑物的墙面、柱面、顶棚等处的粉刷，或用于陶瓷铺贴的勾缝等。

3.4.5 中热硅酸盐水泥、低热硅酸盐水泥

在大体积混凝土工程施工中，由于混凝土的导热率低，水泥水化时放出的热量不易散失，容易使混凝土内部最高温度达 60℃以上。由于混凝土外表面冷却较快，就使混凝土内外温差达几十度。混凝土外部冷却产生收缩，而内部尚未冷却，就产生内应力，容易产生微裂缝，致使混凝土耐水性降低。采用低放热量和低放热速率的中热硅酸盐水泥与低热硅酸盐水泥就可降低大体积混凝土的内部温升。

1. 中热硅酸盐水泥

中热硅酸盐水泥简称中热水泥，是以适当成分的硅酸盐水泥熟料，加入适量石膏，磨

细制成的具有中等水化热的水硬性胶凝材料，称为中热硅酸盐水泥（简称中热水泥），代号 P·MH。

中热水泥熟料中硅酸三钙（$3CaO·SiO_2$，C_3S）的含量不大于 55.0%，铝酸三钙（$3CaO·Al_2O_3$，C_3A）的含量不大于 6.0%，游离氧化钙（f-CaO）的含量不大于 1.0%。

中热硅酸盐水泥是常用的大坝水泥的一种，其强度等级为 42.5，是根据其 3d 和 7d 的水化放热水平和 28d 强度来确定的。中热水泥具有水化热低，抗硫酸盐性能强，干缩低，耐磨性能好等优点。中热水泥在水工水泥中的比例约为 30%，是我国用量最大的特种水泥之一，是三峡工程水工混凝土的主要胶凝材料。

2. 低热硅酸盐水泥

以适当成分的硅酸盐水泥熟料，加入适量石膏，磨细制成的具有低水化热的水硬性胶凝材料，称为低热硅酸盐水泥（简称低热水泥），代号 P·LH，强度等级分为 32.5 和 42.5 两个等级。

低热水泥熟料中硅酸二钙（$2CaO·SiO_2$，C_2S）的含量不小于 40.0%，铝酸三钙的含量不大于 6.0%，游离氧化钙的含量不大于 1.0%。

低热水泥特别适合水工大体积混凝土、高强高性能混凝土工程应用。低热硅酸盐水泥对进一步提高大坝混凝土的抗裂性，减少大坝混凝土裂缝，提高混凝土耐久性，将起到非常重要的作用。

3.4.6 铝酸盐水泥

铝酸盐系水泥是应用较多的非硅酸盐系水泥，是具有快硬早强性能和较好耐高温性能的胶凝材料，还是膨胀水泥的主要组分，是重要的水泥系列之一。

按国家标准《铝酸盐水泥》GB/T201—2015 的规定，凡以铝酸钙为主的铝酸盐水泥熟料，磨细制成的水硬性胶凝材料称为铝酸盐水泥（又称高铝水泥、矾土水泥），代号为 CA。铝酸盐水泥的性能与应用有以下几方面：

（1）具有快硬早强的特性，适用于工期紧急的工程。

（2）放热速率快，早期放热比较集中，适用于冬季及低温环境下施工，不宜用于大体积混凝土工程。

（3）抗硫酸盐腐蚀性及耐磨性良好，适用于耐磨性要求较高的工程，及受软水、酸性水和受硫酸盐腐蚀的工程。

（4）抗碱性差，不宜用于与碱溶液相接触的工程，也不得与硅酸盐水泥、石灰等能析出 $Ca(OH)_2$ 的胶凝材料混合使用。

3.5 水泥的技术指标检测

按我国现行标准要求，水泥必须检测的项目为细度、水泥标准稠度用水量、水泥凝结时间、水泥安定性、泥胶砂强度。水泥检测试样要按规定方法取样。

3.5.1　水泥的取样方法

（1）散装水泥。对同一水泥厂生产的同期出厂的同品种、同标号的水泥，一次运进的同一出厂编号的水泥为一批，但一批的总量不超过500t。随机地从不少于3个车罐中各取等量水泥，经拌和均匀后，再从中称取不少于12kg水泥作为检验试样。

（2）袋装水泥。对同一水泥厂生产的同期出厂的同品种、同标号的水泥，以一次运进的同一出厂编号的水泥为一批，但一批的总量不超过200t。随机地从不少于20袋中各取等量水泥，经拌合均匀后，再从中称取不少于12kg水泥作为检验试样。

（3）对来源固定，质量稳定且又掌握其性能的水泥，视运进水泥的情况，可不定期的采集试样进行强度检验。如有异常情况应作相应项目的检验。

（4）对已运进的每批水泥，视存放情况应重新采集试样复验其强度和安定性。存放期超过3个月的水泥，使用前必须复验，并按照结果使用。

（5）取得的水泥的试样试验应首先充分拌匀，然后通过0.9mm方孔筛，记录筛余物情况，但要防止过筛时混进其他水泥。

3.5.2　水泥细度检测

1. 目的

检测水泥颗粒的粗细程度，以此作为评定水泥质量的依据之一。

2. 主要仪器设备

试验筛、负压筛析仪、水筛架和喷头、天平等。

3. 检测步骤

试验前所用试验筛应保持清洁，负压筛和手工筛应保持干燥。试验时，$80\mu m$筛析试验称取试样25g，45m筛析试验称取试样10g。

方法一：负压筛析法。筛析试验前，应把负压筛放在筛座上，盖上筛盖，接通电源，检查控制系统，调节负压至4000～6000Pa范围内。称取试样精度至0.01g，置于洁净的负压筛中放在筛座上，接通电源，开动筛析仪连续筛析2min，在此期间如有试样附着在筛盖上，可轻轻地敲击筛盖使试样落下。筛毕，用天平称量全部筛余物。

方法二：水筛法。筛析试验前，应检查水中无泥砂，调整好水压及水筛的位置，使其能正常运转，并控制喷头底面和筛网之间的距离为35～75mm。称取试样精度至0.01g，置于洁净的水筛中，立即用淡水冲洗至大部分细粉通过后，放在水筛架上，用水压为0.05±0.02MPa的喷头连续冲洗3min。筛毕，用少量水把筛余物冲至蒸发皿中，等水泥颗粒全部沉淀后，小心倒出清水，烘干并用天平称量全部筛余物。

方法三：手工筛析法。称取试样精度至0.01g，倒入手工筛内。用一只手持筛往复摇动另只手轻轻拍打，往复摇动和拍打筛时应保持近于水平。拍打速度每分钟约120次，每40次向同一方向转动60°，使试样均匀分布在筛网上，直至每分钟通过的试样量不超过0.03g为止，称量全部筛余物。对其他粉状物采用45～80mm以外规格方孔筛进行筛析试验时，应指明筛子的规格、称样量、筛析时间等相关参数，试验筛必须经常保持洁净，筛孔通畅，使用 10 次后要进行清洗。清洗金属框筛、铜丝网应用专门的清洗剂，不可用弱酸浸泡。

4. 结果计算

水泥试样筛余百分数按式（3-1）计算：

$$F = \frac{R_s}{W} \times 100\% \tag{3-1}$$

式中　F——水泥试样的筛余百分率%；

　　　R_s——水泥筛余物的质量，g；

　　　W——水泥试样的质量，g。

进行合格评定时，每个样品应称取两个试样分别筛析，取筛余平均值为筛析结果。若两次筛余结果的绝对误差大于 0.5% 时（筛余值大于 5.0% 时可放宽至 1.0%）应再做一次试样，取两次相近结果的算术平均值作为最终结果。负压筛析法、水筛法和手工筛析法测定的结果发生争议时，以负压筛析法为准。

3.5.3　水泥标准稠度用水量测定

1. 目的

测定水泥净浆达到标准稠度时的用水量，为检测水泥的凝结时间和体积安定性做好准备。

2. 主要仪器设备

标准稠度与凝结时间测定仪（图 3-12）、水泥净浆搅拌机（图 3-13）等。

图 3-12　标准稠度与凝结时间测定仪

图 3-13　水泥净浆搅拌机

3. 检测步骤

（1）标准稠度用水量，可用调整水量和不变水量两种方法中的任一种测定，如发生争议时以前者为准。

（2）测定前须经检查，以保证测定仪的金属棒能自由滑动；试锥降至锥模顶面位置时指针应对准标尺零点，搅拌机应运转正常。

（3）水泥净浆的拌制。搅拌锅和搅拌叶片应先用湿棉布擦过，然后将称好的 500g 水泥试样倒入搅拌锅内。拌合时，先将搅拌锅放到机锅座上，升至搅拌位置，开动机器，同时徐徐加入拌合水，慢速搅拌 120s，停伴 15s，接着快速搅拌 120s 后停机。

采用调整水量方法时，拌合用水量是先按经验确定一个水量，然后逐次改变用水量，直至达到标准稠度为止；采用不变水量方法时，拌合用水量为 142.5mL（准确至 0.5mL）。

（4）装模测试。拌和结束后，立即将拌好的净浆装入锥模内，用小刀插捣，振动数次，刮去多余净浆，抹平后迅速放到试锥下面固定位置上，将试锥降至净浆表面，拧紧螺栓，然后突然放松，试锥自由沉入净浆中，到试锥停止下沉时记录试锥下沉深度。整个操作应在搅拌后 1.5min 内完成。

4. 结果评定

（1）用调整水量方法测定时，以试锥下沉深度 30±1mm 时的净浆为标准稠度净浆。其拌和水量为该水泥的标准稠度用水量（按水泥质量的百分比计）。如下沉深度超出范围，须另称试样，调整水量，重新试验，直至达到 30±1mm 时为止。

（2）用不变水量方法测定时，根据式（3-2）（或仪器上对应标尺）计算得到标准稠度用水量 P。试锥下沉深度小于 13mm 时，应改用调整水量方法测定。

$$P = 33.4 - 0.185S \tag{3-2}$$

式中　P——标准稠度用水量，%；

　　　S——试锥下沉深度，mm。

（3）为使不变水量和调整水量两种方法测定得到的标准稠度用水量不发生争议，可以用不变水量法计算得到的标准稠度用水量重复检测步骤 3 和 4，再按调整水量法，以试锥下沉深度为（30±1）mm 时的拌合用水量为该水泥的标准稠度用水量 P。

3.5.4　水泥凝结时间测定

1. 目的

检测水泥的初凝和终凝时间，判定水泥是否合格。

图 3-14　湿气养护箱

2. 主要仪器设备

凝结时间测定仪、湿气养护箱（图 3-14）等。

3. 检测步骤

（1）将圆模放在玻璃板上，在内侧稍稍涂上一层机油或白矾士林。调整凝结时间测定仪的试针接触玻璃板时，指针应对准标准尺零点。

（2）试件的制备。以标准稠度用水量按前述方法制成标准稠度净浆，立即一次装入圆模，振动数次后刮平，然后放入湿气养护箱内。拌制净浆开始加水时的时间作为凝结时间的起始时间。

（3）试件在湿气养护箱养护至加水后 30min 时，

将圆模取出，进行第一次测定。测定时，将圆模放到试针下，使试针与净浆面接触，拧紧螺栓 1～2s 后突然放松，试针垂直自由沉入净浆、观察试针停止下沉时指针读数。

最初测定时，应轻轻扶持金属棒，使其徐徐下降，以防试针撞弯，但结果以自由下沉为准；在整个测试过程中，试针贯入的位置至少要距圆模内壁 10mm。

临近初凝时，每隔 5min 测定一次；临近终凝时，每隔 15min 测定一次。每次测定不得让试针落入原针孔内海次测定完毕应将试针擦净并将圆模放回湿气养护箱内，测定全过程中要防止圆模受振。

4. 结果评定

（1）当试针沉至距底板 4mm±1mm 时，即为水泥达到初凝状态；当试针沉入试体 0.5mm 时，水泥达到终凝状态。由开始加水至初凝、终凝状态的时间分别为该水泥的初凝时间和终凝时间，用小时（h）和分（min）来表示。

（2）到达初凝或终凝状态应立即重复测一次，当两次结论相同时才能定为达到初凝或终凝状态。

3.5.5 水泥安定性检验

1. 目的

检测水泥在硬化时体积变化的均匀性，判定水泥是否合格。

2. 主要仪器设备

沸煮箱（图 3-15）、玻璃板、雷氏夹（图 3-16）、量水器、天平、湿气养护箱（图 3-17）、雷氏夹膨胀值测定仪（图 3-18）等。

图 3-15 沸煮箱

图 3-16 雷氏夹

图 3-17 湿气养护箱

图 3-18 雷氏夹膨胀值测定仪

3. 检测步骤

方法一：雷氏夹法

（1）以标准稠度的用水量，按前述方法制成标准稠度净浆。

（2）将预先准备好的雷氏夹放在已稍涂油的玻璃板上，并立刻将制好的标准稠度净浆装满试模，装模时一只手轻轻扶持试模，另一只手用宽约 10mm 的小刀插捣 15 次左右，然后抹平，盖上稍涂油的玻璃板，立刻将试模移至湿气养护箱内养护（24±2）h。

（3）调整好沸煮箱内的水位，保证在整个煮沸过程中水都能没过试件，不需半途添补试验用水，同时保证能在（30±5）min 内升至沸腾。

（4）脱去玻璃板，取下试件，测量试件指针尖间的距离（A），精确到 0.5mm，然后将试件放入水中篦板上，指针朝上，试件之间互不交叉，然后在（30±5）min 内加热至沸腾，并恒沸 3h±5min。

（5）沸煮结束，即放掉箱中的热水，打开箱盖；等箱体冷却至恒温，取出试件，测量雷氏夹指针尖端间的距离，记录至小数点后一位。

方法二：试饼法

（1）以标准稠度的用水量，按前述方法制成标准稠度净浆。

（2）取出一部分标准稠度的净浆分成两等份（每份约 75g），使之呈球形，放在稍涂一层油的玻璃板上，轻轻振动玻璃板，并用湿布擦过的小刀由边缘向中央抹动，做成直径 70～80mm、中心厚约 10mm、边缘渐薄、表面光滑的试饼，然后将试饼放人湿气养护箱内养护（24±2）h。

（3）脱去玻璃板，取下试饼，先检查试饼是否完整（如已开裂翘曲需检查原因，确不是因外因引起时，该试饼为不合格，不必煮沸），在试饼无缺陷的情况下，将试饼放在沸煮箱的水中篦板上，然后在（30±5）min 内加热至沸腾，并恒沸 3h±5min。

（4）沸煮结束，即放掉箱中热水，打开箱盖府箱体冷却至室温；取出试件进行判别。

4. 结果评定

（1）采用雷氏夹法：若为雷氏夹法测量试件指针尖端间的距离（C），精确到 0.5mm，当两个试件煮后增加距离（C-A）的平均值不大于 5.0mm 时，即为安定性合格，否则为不合格。当两个试件的（C-A）值相差超过 4mm 时，应用同一样品立即重做一次试验，试验结果其差值再超过 4mm 时，则判定该水泥安定性不合格。

（2）采用试饼法：观察试饼，若未发现裂缝，用直尺检查也没有弯曲时，为安定性合格，反之为不合格。当两个试件判别结果有矛盾时，该水泥的安定性为不合格。

3.5.6 水泥胶砂强度检测（ISO 法）

1. 目的

测定水泥胶砂的强度，评定水泥的强度等级。

2. 主要仪器设备

胶砂搅拌机（图 3-19）、胶砂振动台（图 3-20）、试模（图 3-21）、下料漏斗、抗折试验机和抗折夹具（图 3-22）、抗压试验机和抗压夹具（图 3-23）、刮平刀、湿度养护箱等。

图 3-19　胶砂搅拌机

图 3-20　胶砂振动台

图 3-21　试模

图 3-22　水泥抗折试验机

图 3-23　水泥抗压试验机

3. 检测步骤

（1）将试模擦净，刷上一薄层机油。

（2）每成型三条试件需称量的材料及用水量为：水泥 450±2g；ISO 砂 1350±5g（大约一包砂）；水 225±1ml。

（3）将水加入锅中，再加入水泥，把锅放在固定架上并上升到固定位置。开动机器，低速搅拌 30s 后，在第二个 30s 开始的同时均匀将砂子加入。当砂是分级装时，应从最粗粒级开始，依次加入，把机器转至高速再拌 30s。在停拌 90s 的时候，用刮具将叶片和锅壁上的胶砂刮入锅中。在高速下继续搅拌 60s。各个搅拌阶段，时间误差应在 ±1s 以内。

（4）用振实台成型时，用勺子直接从搅拌锅中将胶砂分为两层装入试模。装好第一层后，用大播料器来回一次将料层播平，接着振实 60 次。再装入第二层胶砂，用小播料器播平，接着振实 60 次。振完后从台上取下试模，用刮尺将超出试模的胶砂刮去，并将试件表面抹平（注：矿渣成型时也是分两层装，各振 60 次。而速凝剂一次装完并只振 30 次）。

（5）为了试验平均，编号时应将同一试模中的三条试件分在两个以上的龄期。

（6）试验前或更换水泥品种时，须将搅拌锅、叶片和下料漏斗等抹擦干净。

（7）将试模编号后放入养护箱。对于 24h 龄期的，应在成型试验前 20min 内脱模。对于 24h 以上龄期的，应在成型后 20～24h 内脱模。脱模时要防止试件损伤。硬化较慢的允许延期脱模，但必须记录脱模时间。

（8）脱模后即放入水槽中养护，试件之间间隙和试件上表面的水深不得小于 5mm。并随时加水，保持恒定水位，不允许养护期间全部换水。

（9）除 24h 龄期或者延迟 48h 脱模的试件外，任何到龄期的试件都应在试验前 15min 前从水中取出。擦净试件，并用湿布覆盖。

（10）强度试验。各龄期（试件龄期从水泥加水搅拌开始算起）的试件应在表 3-7 规定的时间内进行强度试验：

不同龄期试验时间   表 3-7

龄期	试验时间
24h	24h±15min
48h	48h±30min
72h	72h±45min
7d	7d±2h
28d	28d±8h

（11）抗折强度试验。将试体一个侧面放在试验机支撑圆柱上，试体长轴垂直于支撑圆柱，通过加荷圆柱以 50±10N/s 的速率均匀地将荷载垂直地加在棱柱体相对侧面上，直至折断。保持两个半截棱柱体处于潮湿状态直至抗压试验。

（12）抗压强度试验。抗压强度试验通过规定的仪器，在半截棱柱体的侧面上进行。半截棱柱体中心与压力机压板受压中心差应在 ±0.5mm 内，棱柱体露在压板外的部分约有 10mm。在整个加荷过程中以 2400N/s±200N/s 的速率均匀地加荷直至破坏。

4. 数据处理及结果评定

（1）抗折强度试验

抗折强度 R_f 以 N/mm^2（MPa）表示，按下式计算：

$$R_f = \frac{1.5F_f L}{b^3} \qquad (3-3)$$

式中　F_f——折断时施加于棱柱体中部的荷载，N；
　　　L——支撑圆柱之间的距离，mm；
　　　b——棱柱体正方形截面的边长，mm。

抗折强度结果取 3 个试件平均值，精确至 0.1MPa。当三个强度值中有超过平均值 ±10% 的，也剔除后再平均，以平均值作为抗折强度试验结果。

（2）抗压强度试验

抗压强度 R_c 以牛顿每平方毫米（MPa）为单位，按下式计算：

$$R_c = \frac{F_c}{A} \qquad (3-4)$$

式中　F_c——破坏时的最大荷载，N；
　　　A——受压部分面积，mm^2（40×40＝1600mm^2）。

抗压强度结果为一组（6 个断的试件）抗压强度的算术平均值，精确至 0.1MPa。如果 6 个强度中有 1 个值超过平均值的 ±10%，应剔除后以剩下的 5 个值的算术平均值作为最后结果。如果 5 个值中再有超过平均值 ±10% 的，则此组试件无效。

思考及练习题

一、填空题

1. 硅酸盐类水泥是由_____以为主要成分的水泥熟料、适量的石膏及规定的混合材料制成的水硬性胶凝材料。

2. 随着水泥水化、凝结的继续，浆体逐渐转变为具有一定强度的坚硬固体水泥石，这过程称为_____。

3. 初凝时间是指从水泥净浆加水拌合到标准稠度净浆开始失去_____的时间。

4. 水泥标准稠度用水量是指_____达到标准稠度时所需要的水，通常用水与水泥质量的比（百分数）来表示。

5. 水泥的储存和运输方式主要有_____和_____两种。

答案

二、单选题

1. 为调整硅酸盐水泥的凝结时间，在生产的最后阶段还要加入（　　）。

A. 石灰石　　　　B. 石膏　　　　C. 氧化钙　　　　D. 铁矿石

2. 硅酸盐水泥熟料中干燥收缩最小、耐磨性最好的是（　　）。

A. 硅酸三钙　　　B. 硅酸二钙　　　C. 铝酸三钙　　　D. 铁铝酸四钙

3. 硅酸盐水泥的初凝时间不小于（　　）min。

A. 45　　　　B. 50　　　　C. 40　　　　D. 55

4. 通用水泥的储存时间不宜过长，一般不超过（　　）。

A. 1 年　　　B. 半年　　　C. 3 个月　　　D. 1 个月

5. 对于大体积混凝土工程，应选择（　　）水泥。

A. 硅酸盐水泥　　　　　　　B. 普通硅酸盐水泥

C. 矿渣硅酸盐水泥　　　　　D. 高铝硅酸盐水泥

三、简答题

1. 硅酸盐水泥熟料由哪些主要的矿物组成？
2. 影响硅酸盐水泥凝结硬化的因素有哪些？
3. 硅酸盐水泥石腐蚀的类型有哪些？
4. 水泥石腐蚀的防护措施有哪些？
5. 水泥包装袋上应标明的内容有哪些？

检测实训

任务：检测水泥的细度、标准稠度用水量、凝结时间、安定性、水泥胶砂强度。

Chapter 04

教学单元**4**

混凝土

教学目标

1. 知识目标：

(1) 了解普通混凝土的组成材料及其技术要求；

(2) 理解并掌握新拌混凝土的和易性与硬化混凝土的主要技术性质及其影响因素；

(3) 熟悉混凝土常用外加剂的种类及适用范围；

(4) 掌握普通混凝土配合比设计方法；

(5) 掌握砂石的进场验收、取样、试验；

(6) 掌握混凝土的取样要求和试验方法。

2. 能力目标：

(1) 具备对骨料颗粒级配的评定，细骨料细度模数和粗骨料最大粒径等试验能力；

(2) 具备制作混凝土强度试件的能力；

(3) 具备对普通混凝土主要技术性能进行试验的能力；

(4) 能对混凝土进行正确取样、试验，并具备对混凝土相关试验结果计算和处理的能力。

思维导图

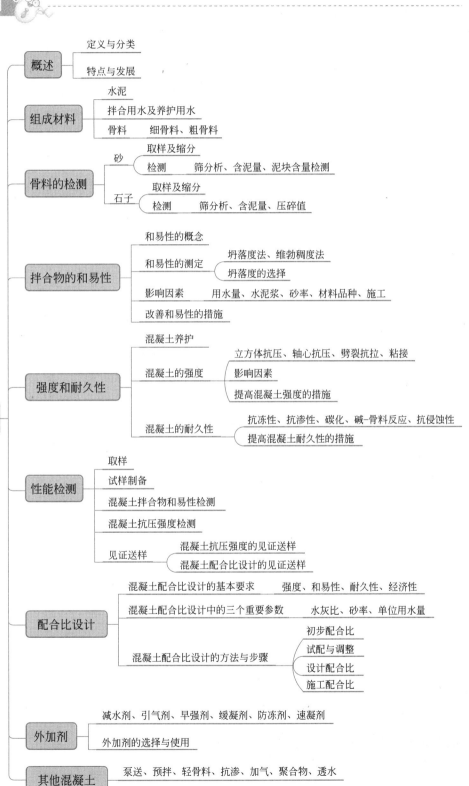

混凝土是现代土木工程行业中不可缺少的重要的工程材料，广泛用于工业与民用建筑工程，水利工程，地下工程，公路、铁路、桥涵及国防军事等各类工程中。我们所见到的建筑有很多都是以混凝土结构为主体。混凝土品种很多，其中应用最广、用量最大的是以水泥为胶凝材料的水泥混凝土。

　　本单元主要学习以水泥为胶凝材料的普通混凝土知识，包括组成材料、主要技术性质和配合比设计，以及混凝土性能检测的基本知识。

4.1　概述

4.1.1　定义与分类

1. 混凝土的定义

　　混凝土是由胶凝材料、粗骨料、细骨料、水，必要时掺入外加剂或矿物质混合材料，按预先设计好的比例拌合、密实成型，并于一定条件下养护硬化而成的人造石材的总称。

　　在混凝土中，石子和砂分别称为粗骨料、细骨料，占混凝土总体积约 80% 以上，主要起骨架作用，减少水泥用量和减少混凝土体积收缩。水泥和水构成的水泥浆包裹砂粒并填充砂子空隙组成砂浆，砂浆包裹石子并填充石子的空隙组成密实整体。水泥浆在拌合时起润滑作用，使拌合物具有良好的可塑性而便于施工。

2. 混凝土的分类

　　混凝土种类繁多，可采用不同方法进行分类：

　　按所用胶凝材料种类不同分为水泥混凝土、聚合物混凝土、硅酸盐混凝土、石膏混凝土、水玻璃混凝土、沥青混凝土等。按用途不同分为结构混凝土、防水混凝土、装饰混凝土、道路混凝土、耐热混凝土、耐酸混凝土、水工混凝土、大体积混凝土等。按生产和施工方法分为泵送混凝土、喷射混凝土、碾压混凝土、真空脱水混凝土、离心混凝土、预拌混凝土等。按表观密度分为重混凝土、普通混凝土和轻混凝土。其中应用最多的品种是普通混凝土（干表观密度为 2000～2800kg/m³）。

4.1.2　混凝土的特点

　　混凝土是一种主要的建筑材料，在土木工程中被广泛使用。其根本原因是混凝土这一种材料具备很多优点：

　　（1）易于加工成型。

　　（2）与钢筋有牢固的黏结力，可做成钢筋混凝土结构。

混凝土的
特点

（3）可根据不同要求，配制出具有特定性能的混凝土产品。

（4）组成材料中砂、石等地方材料占 80％以上，符合就地取材和经济原则。

（5）可以浇筑成抗震性良好的整体建筑物，也可以做成各种类型的装配式预制构件。

（6）可以充分利用工业废料，减少对环境的污染，有利于环保。

（7）耐久性好，维修费少。

但混凝土存在自重大，抗拉强度低，容易开裂和变形能力差等缺陷，随着混凝土新功能、新品种的不断开发，这些缺点正被不断克服和改进。

4.2　普通混凝土的组成材料

4.2.1　水泥

水泥是混凝土中最主要的组成材料。它在混凝土中起胶结作用，其品种和强度等级的选定直接影响混凝土的性能。

水泥品种应根据结构物所处的环境条件、施工条件和水泥的特性等因素综合考虑。

水泥强度等级应与要求配制的混凝土强度等级相适应。混凝土的强度等级越高，所选择的水泥强度等级也越高，若水泥强度等级过低，会使水泥用量过多而不经济，还会降低混凝土的某些技术品质（如收缩率增大等）；反之，混凝土的强度等级越低，所选择的水泥强度等级也越低，若水泥强度等级过高，则水泥用量偏少，从而影响混凝土的和易性和耐久性。

国家标准《混凝土用水标准》JGJ63—2006 规定，凡符合国家标准的生活饮用水，均可用于拌制和养护各种混凝土。地表水和地下水常溶有较多的有机质和矿物盐类，必须按标准规定检验合格后方可使用。海水中含有较多硫酸盐和氯盐，影响混凝土的耐久性和加速混凝土中钢筋的锈蚀，因此对于钢筋混凝土和预应力混凝土结构，不得采用海水拌制；对有饰面要求的混凝土，也不得采用海水拌制，以免因表面产生盐析而影响装饰效果。生活污水的水质较复杂，不得用于拌制混凝土。混凝土拌合用水水质要求见表 4-1。

混凝土拌合用水水质要求　　　　　　　　　　　　　　　表 4-1

项目	预应力混凝土	钢筋混凝土	素混凝土
pH 值	$\geqslant 5.0$	$\geqslant 4.5$	$\geqslant 4.5$
不溶物（mg/L）	$\leqslant 2000$	$\leqslant 2000$	$\leqslant 5000$
可溶物（mg/L）	$\leqslant 2000$	$\leqslant 5000$	$\leqslant 10000$
氯化物（以 Cl^- 计）（mg/L）	$\leqslant 500$	$\leqslant 1000$	$\leqslant 3500$
硫酸盐（以 SO_4^{2-} 计）（mg/L）	$\leqslant 600$	$\leqslant 2000$	$\leqslant 2700$
碱含量（mg/L）	$\leqslant 1500$	$\leqslant 1500$	$\leqslant 1500$

4.2.2 细骨料（砂）

细骨料

混凝土用骨料，按其粒径大小不同分为细骨料和粗骨料。粒径在 $150\mu m\sim$ 4.75mm 之间的岩石颗粒，称为细骨料；粒径大于 4.75mm 的骨料称为粗骨料。由于骨料在混凝土中占的比例较大，因此，骨料的性能对所配制的混凝土性能影响很大。

混凝土的细骨料主要采用天然砂或人工砂。天然砂是由岩石风化而成，按其产源不同分为河沙、湖砂、山砂和淡化海砂。建筑工程中一般多采用河砂作细骨料。人工砂是经除土处理的机制砂和混合砂的统称。当无砂源时，可考虑采用人工砂。

混凝土用砂应符合国家标准《建设用砂》GB/T 14684—2011 中的要求。

1. 有害杂质含量

砂中常含有黏土、淤泥、有机物、云母、硫化物及硫酸盐等杂质。黏土、淤泥粘附在砂粒表面，妨碍水泥与砂粒的粘结，降低混凝土强度和耐久性，并增大混凝土的干缩。云母呈薄片状，表面光滑，与水泥粘结差，会降低混凝土的强度和耐久性。有机物、硫化物和硫酸盐等对水泥均有腐蚀作用。有害杂质含量应符合表 4-2 的规定。

砂中有害杂质含量　　　　　　　　　　表 4-2

项目	指标		
	Ⅰ类	Ⅱ类	Ⅲ类
含泥量(按质量计)(%)	≤1.0	≤3.0	≤5.0
泥块含量(按质量计)(%)	0	≤1.0	≤2.0
云母(按质量计)(%)	≤1.0	≤2.0	≤2.0
轻物质(按质量计)(%)	≤1.0	≤1.0	≤1.0
有机物(比色法)	合格	合格	合格
硫化物及硫酸盐(按质量计)(%)	≤0.5	≤0.5	≤0.5
氯化物(以氯离子按质量计)(%)	≤0.01	≤0.02	≤0.06
贝壳(按质量计)(%)*	≤3.0	≤5.0	≤8.0

注：＊该指标仅适用于海砂，其他砂种不作要求。

人工砂在生产过程中会产生一定量的石粉，这是人工砂和天然砂最明显的区别之一。人工砂中适量的石粉对混凝土是有益的，但石粉中泥土含量过多会影响混凝土的性能。人工砂的石粉含量和泥块含量应符合表 4-3 的规定。

人工砂石粉含量和泥块含量　　　　　　　　表 4-3

项目		标准		
		Ⅰ类	Ⅱ类	Ⅲ类
亚甲蓝试验	MB 值≤1.40 或合格	石粉含量(按质量计)(%)	≤10.0		
		泥块含量(按质量计)(%)	0	≤1.0	≤2.0
	MB 值>1.40 或不合格	石粉含量(按质量计)(%)	≤1.0	≤3.0	≤5.0
		泥块含量(按质量计)(%)	0	≤1.0	≤2.0

2. 粗细程度和颗粒级配

（1）颗粒级配

颗粒级配是指砂中不同颗粒搭配的情况。砂的颗粒级配良好，则其空隙率和总表面积都较小。用这种级配良好的砂配制混凝土，既节约了水泥用量，又有助于混凝土和易性、强度和密实度的提高。

图 4-1 中分别为同样粒径的砂（图 4-1a）、两种粒径的砂（图 4-1b）、多种粒径的砂（图 4-1c）搭配起来的结构示意图。

从图 4-1 中可以看出：用同样粒径的砂搭配起来，空隙率最大；多种粒径的砂搭配，空隙率最小。因此，要减小砂粒间的空隙，就必须有大小不同的颗粒合理搭配。

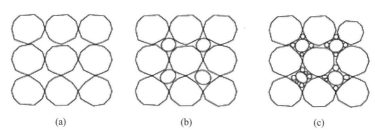

（a）　　　　　　　　（b）　　　　　　　　（c）

图 4-1　骨料颗粒级配

（2）粗细程度

砂的粗细程度是指不同粒径的砂粒混合在一起的平均粗细程度。在相同砂用量条件下，细砂的总表面积大，拌制混凝土时，需要用较多的水泥浆去包裹，而粗砂则可用少用水泥。若砂过粗，砂颗粒的总表面积较小，黏聚性、保水性较差，会使混凝土拌合物的和易性变差。若砂过细，砂颗粒的总表面积较大，虽然拌制的混凝土黏聚性较好，不易产生离析、泌水现象，但需要包裹砂子表面的水泥浆较多，水泥用量增大，而且混凝土的强度还会降低。因此，拌混凝土用的砂，不宜过粗，也不宜过细。

砂的粗细程度用细度模数（μ_f）表示：

$$\mu_f = \frac{(\beta_2 + \beta_3 + \beta_4 + \beta_5 + \beta_6) - 5\beta_1}{100 - \beta_1} \tag{4-1}$$

细度模数越大，说明砂越粗。混凝土用砂的细度模数范围一般为 3.7～1.6，μ_f 在 3.7～3.1 为粗砂，μ_f 在 3.0～2.3 为中砂，μ_f 在 2.2～1.6 为细砂。

在只有细砂或特细砂的地区，可以用细砂或特细砂配制混凝土，但往往水泥用量过大，为节约水泥，可掺入减水剂、引气剂等外加剂，也可掺加石屑。

细骨料的粗细程度和颗粒级配常用筛分析的方法测定。

筛分析法测定时，是用一套孔径（净尺寸）为 4.75mm、2.36mm、1.18mm、$600\mu m$、$300\mu m$、$150\mu m$ 的标准方孔筛，将用 9.5mm 方孔筛筛出的 500g 的干砂试样由粗到细依次过筛，称取各筛筛余试样的质量（筛余量）m_1、m_2、m_3、m_4、m_5、m_6，并计算出各筛上的分计筛余百分率 a_1、a_2、a_3、a_4、a_5、a_6 及累计筛余百分率 β_1、β_2、β_3、β_4、β_5、β_6，见表 4-4。

分计筛余百分率及累计筛余百分率的关系　　　　表 4-4

筛孔尺寸	分计筛余		累计筛余百分率(%)
	质量(g)	百分率(%)	
4.75mm	m_1	$a_1 = m_1/500$	$\beta_1 = a_1$
2.36mm	m_2	$a_2 = m_2/500$	$\beta_2 = a_1 + a_2$
1.18mm	m_3	$a_3 = m_3/500$	$\beta_3 = a_1 + a_2 + a_3$
600μm	m_4	$a_4 = m_4/500$	$\beta_4 = a_1 + a_2 + a_3 + a_4$
300μm	m_5	$a_5 = m_5/500$	$\beta_5 = a_1 + a_2 + a_3 + a_4 + a_5$
150μm	m_6	$a_6 = m_6/500$	$\beta_6 = a_1 + a_2 + a_3 + a_4 + a_5 + a_6$

用级配区表示砂的颗粒级配，以级配区或筛分曲线判定砂级配的合格性。根据国家标准《建设用砂》GB/T 14684—2011 规定，按 600μm 筛孔的累计筛余百分率，将砂分为 1区、2 区、3 区三个级配区，见表 4-5。混凝土用砂凡经筛分析检测的，各筛的累计筛余百分率处于表 4-5 中的任何一个级配区中，才符合级配要求，表中所列的累计筛余百分率，除 4.75mm 和 600μm 筛号外，允许稍有超出分界线，其总量不大于 5%。

砂的颗粒级配区　　　　表 4-5

累计筛余(%)　　级配区 方筛孔	1 区	2 区	3 区
9.5mm	0	0	0
4.75mm	10~0	10~0	10~0
2.36mm	35~5	25~0	15~0
1.18mm	65~35	50~10	25~0
600μm	85~71	70~41	40~16
300μm	95~80	92~70	85~55
150μm	100~90	100~90	100~90

配制混凝土时宜优先选用 2 区砂。当采用 1 区砂时，宜适当增加砂用量，保持足够的水泥用量，以满足混凝土的和易性；当采用 3 区砂时，宜适当减少砂用量，以保证混凝土强度。

为了更直观地反映砂的级配情况，可将表 4-5 的规定绘成级配曲线图，如图 4-2 所示。

在实际工程中，若砂的级配不合适，可采用人工掺配的方法来改善。即将粗砂、细砂按适当比例进行掺和使用；或将砂过筛，筛除过粗或过细颗粒。

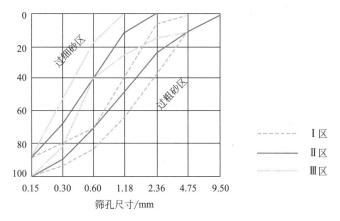

图 4-2 砂的级配曲线

【例 4-1】 检测某工程用砂的粗细程度和颗粒级配，用 500g 干砂试样筛分结果见表 4-6。

筛分结果 表 4-6

筛孔尺寸（mm）	4.75	2.36	1.18	0.60	0.30	0.15	<0.15
筛余量（g）	18	69	70	145	102	76	20

解： 分计筛余百分率和累计筛余百分率见表 4-7。

该砂的分计筛余百分率和累计筛余百分率 表 4-7

筛孔尺寸（mm）	分计筛余		累计筛余百分率（%）
	质量（g）	百分率（%）	
4.75	18	$a_1=18/500=3.6$	$\beta_1=a_1=3.6$
2.36	69	$a_2=69/500=13.8$	$\beta_2=a_1+a_2=17.4$
1.18	70	$a_3=70/500=14.0$	$\beta_3=a_1+a_2+a_3=31.4$
0.6	145	$a_4=145/500=29.0$	$\beta_4=a_1+a_2+a_3+a_4=60.4$
0.3	102	$a_5=102/500=20.4$	$\beta_5=a_1+a_2+a_3+a_4+a_5=80.8$
0.15	76	$a_6=76/500=15.2$	$\beta_6=a_1+a_2+a_3+a_4+a_5+a_6=96$
<0.15	20	4	—

计算细度模数：

$$\mu_f=\frac{(\beta_2+\beta_3+\beta_4+\beta_5+\beta_6)-5\beta_1}{100-\beta_1}=2.8，属于中砂$$

查表 4-5 得，该砂颗粒级配区为 2 区。

结果评定：该砂样为 2 区中砂。

砂中所含水分可分为四种状态：干燥（烘干）状态、气干（风干）状态、饱和面干（表干）状态、湿润状态。

砂中含水率的不同，将会影响混凝土的拌合水量和砂的用量，在混凝土配合比设计中为了有可比性，规定砂的用量应按干燥状态为准计算，对于其他状态含水率应进行换算。

4.2.3　粗骨料（石子）

粗骨料

普通混凝土常用的粗骨料分碎石和卵石两类。卵石是由天然岩石经自然风化、水流搬运和分选、堆积形成的。碎石大多由天然岩石经破碎、筛分制成，也可将大卵石压碎筛分制得。碎石表面粗糙，颗粒多棱角，与水泥浆粘结力强，配制的混凝土强度高，但其总表面积及空隙率较大，拌合物水泥用量大，和易性差；卵石表面光滑，少棱角，空隙率和表面积小，拌制混凝土需要的水泥浆少，拌合物的和易性好，便于施工，但所含杂质较碎石多，与水泥浆粘结力较差，故用其配制的混凝土强度较低。

根据《建设用碎石、卵石》GB/T 14685—2011，对卵石和碎石的质量及技术要求主要有以下几方面：

1. 有害杂质含量及针片状颗粒含量

石子中含有黏土、淤泥、有机物、硫化物及硫酸盐和其他活性氧化硅等杂质。这些杂质的危害作用与细骨料中的相同。其含量应符合表4-7的规定。

为提高混凝土强度和减小骨料间的空隙，粗骨料比较理想的颗粒形状应为三维长度相等或相近的立方体形或球形颗粒，而三维长度相差较大的针、片状颗粒粒形较差。粗骨料中凡长度大于该颗粒所属相应粒级平均粒径的2.4倍者为针状颗粒，厚度小于平均粒径40%的为片状颗粒。这些颗粒不仅本身容易折断，含量不能太多，而且会增大骨料的空隙率，会严重降低混凝土拌合物的和易性和混凝土的强度。因此应严格控制其在骨料中的含量，详见表4-8。

碎石、卵石有害杂质含量及其针片状颗粒含量 表4-8

项目	指标		
	Ⅰ类	Ⅱ类	Ⅲ类
含泥量（按质量计）（%）	≤0.5	≤1.0	≤1.5
泥块含量（按质量计）（%）	0	≤0.2	≤0.5
硫化物及硫酸盐（按SO_3质量计）（%），≤	0.5	1.0	1.0
有机物	合格	合格	合格
针、片状颗粒（按质量计）（%），≤	5	10	15

2. 颗粒级配和最大粒径

（1）颗粒级配

粗骨料和细骨料一样，也应该具有良好的颗粒级配，以达到空隙率和总表面积最小，从而可以节约水泥，保证混凝土的和易性和强度。其级配分为连续粒级和单粒粒级两种。连续粒级是指颗粒的尺寸由大到小连续发布，每一级颗粒都占一定的比例，又称连续级配。连续粒级大小搭配合理，配制的混凝土拌合物和易性好，不易发生离析现象。目前使用较多。单粒粒级石子主要用于组合成具有要求级配的连续粒级，或与连续粒级混合使用，用来改善级配或配成较大粒度的连续粒级。不宜用单一的单粒粒级配制混凝土。

（2）最大粒径

粗骨料的粗细程度用最大粒径表示。公称粒级的上限称为该粒级的最大粒径。如 5～40mm 粒级的石子，其最大粒径为 40mm。

为节约水泥，粗骨料的最大粒径在条件允许时，尽量选大值。但还要受到结构截面尺寸、钢筋净距等因素的限制。在便于施工和保证工程质量的前提下，《混凝土质量控制标准》GB 50164—2011 规定，对于混凝土结构，粗骨料最大粒径不得超过构件截面最小尺寸的 1/4，且不得大于钢筋最小净间距的 3/4；对混凝土实心板，骨料的最大公称粒径不宜大于板厚的 1/3，且不得超过 40mm；对于大体积混凝土，粗骨料最大公称粒径不宜小于 31.5mm。

石子的最大粒径和颗粒级配，也是通过筛分析试验来确定。所用标准筛的孔径尺寸为 2.36mm、4.75mm、9.5mm、16.0mm、19.0mm、26.5mm、31.5mm、37.5mm、53.0mm、63.0mm、75.0mm、90mm 共 12 个筛。将石子筛分后，计算出分计筛余百分率和累计筛余百分率。颗粒级配应符合表 4-9 的规定。

普通混凝土用碎石或卵石颗粒级配　　　　表 4-9

级配情况	公称粒级	累计筛余(按质量计)(%)											
		方孔筛筛孔边长尺寸(mm)											
		2.36	4.75	9.5	16.0	19.0	26.5	31.5	37.5	53	63	75	90
连续粒级	5～16	95～100	85～100	30～60	0～10	0							
	5～20	95～100	90～100	40～80	—	0～10	0						
	5～25	95～100	90～100	—	30～70	—	0～5	0					
	5～31.5	95～100	90～100	70～90	—	15～45	—	0～5	0				
	5～40	—	95～100	70～90	—	30～65	—	—	0～5				
单粒粒级	5～10	95～100	80～100	0～15	0								
	10～16		95～100	80～100	0～15								
	10～20		95～100	85～100	—	0～15	0						
	16～25			95～100	55～70	25～40	0～10						
	16～31.5		95～100		85～100	—	—	0～10	0				
	20～40			95～100		80～100	—	—	0～10	0			
	40～80					95～100			70～100		30～60	0～10	0

3. 坚固性

坚固性是卵石、碎石在自然分化和其他外界物理、化学因素作用下抵抗破裂的能力。骨料越密实、强度越高、吸水率越小，其坚固性越好；结构疏松，矿物成分越复杂、构造不均匀，其坚固性越差。坚固性越好，混凝土的耐久性越好。

4. 强度

碎石和卵石的强度，可用岩石的立方体抗压强度和压碎指标两种方法检验。

岩石的立方体抗压强度是采用直径与高度均为 50mm 的圆柱体或边长为 50mm 的立方体岩石试件，在水饱和状态下（浸泡 48h 后）测得的极限抗压强度值。

压碎指标表示石子抵抗压碎的能力。压碎指标值越小，表示石子抵抗破碎的能力越强。压碎指标值应符合表 4-10 的规定。

石子的压碎指标值 表 4-10

项目	指标		
	Ⅰ类	Ⅱ类	Ⅲ类
碎石压碎指标(%)	≤10	≤20	≤30
卵石压碎指标(%)	≤12	≤14	≤16

按照国家标准规定，Ⅰ类骨料宜用于强度等级大于 C60 的混凝土；Ⅱ类骨料宜用于强度等级 C30～C60 及抗冻、抗渗或其他要求的混凝土；Ⅲ类骨料宜用于强度等级小于 C30 的混凝土和建筑砂浆（指细骨料）。

4.3 混凝土用骨料检测

4.3.1 砂的质量检测

必检项目：筛分析，含泥量，泥块含量检测。

1. 取样

每一批取样方法应按下列规定执行：

（1）在料堆上取样时，取样部位应均匀分布，取样前先将取样部位表面层铲除，然后由各个部位抽取大致相等的砂共 8 份，各自组成一组试样。

（2）从皮带运输机上取样时，应在皮带运输机尾部的出料处用接料器定时取出 4 份，各自组成一组试样。

（3）从火车、汽车、货船等处取样时，从不同部位和深度抽取大致相等的砂 8 份，组成一个试样。

（4）若检测不合格时，应重新取样，对不合格项进行加倍复试，若仍然有一个试样不能满足要求，应按不合格处理。

（5）每组样品的取样数量，对每一个单项试验，应不少于表 4-11 的规定。

2. 砂的缩分方法

砂样缩分可采用分料器法或人工四分法进行缩分。分料器法：将样品在潮湿状态下拌合均匀，然后通过分料器，取接料斗中的其中一方再次通过分料器。重复上述过程，直至把样品缩分到试验所需数量。人工四分法：将所取每组样品置于平板上，在潮湿状态下拌合均匀，并堆成厚度约为 20mm 的圆饼，然后沿互相垂直的两条直径把圆饼分成大致相等四份，取其对角的两份重新拌匀，再堆成圆饼重复上述过程，直至缩分后的材料略多于进行试验所必需的量为止；对较少的砂样品（如做单项试验时），可采用较干原砂样，但应该仔细拌匀后缩分。砂的堆积密度和紧密密度及含水率检验所用的砂样可不经缩分，在拌匀后直接进行试验。

砂单项试验的取样数量

表 4-11

序号	试验项目	最少取样数量(g)	序号	试验项目	最少取样数量(g)
1	筛分析	4400	8	有机物含量	2000
2	表观密度	2600	9	云母含量	600
3	吸水率	4000	10	轻物质含量	3200
4	紧密密度和堆积密度	5000	11	坚固性	1000
5	含水率	1000	12	硫化物及硫酸盐含量	50
6	含泥量	4400	13	氯离子含量	2000
7	泥块含量	20000	14	碱活性	20000

4.3.2　砂的检测方法

砂筛分析

1. 检测目的

掌握国家标准《建设用砂》GB/T 14684—2011 的测试方法，通过试验测定混凝土用砂的颗粒级配，计算砂的细度模数，评定砂的粗细程度。正确使用仪器和设备，并熟悉其性能。

2. 仪器设备

标准筛、天平、摇筛机、烘箱、搪瓷盘、毛刷等。

3. 试验步骤

（1）准确称取试样 500g，精确到 1g。

（2）将标准筛按孔径由大到小的顺序叠放，加底盘后，将称好的试样倒入最上层的 4.75mm 筛内，加盖后置于摇筛机上，摇约 10min。

（3）将套筛自摇筛机上取下，按筛孔大小顺序再逐个用手筛，筛至每分钟通过量小于试样总量 0.1% 为止。通过的颗粒并入下一号筛中，并和下一号筛中的试样一起过筛，按这样的顺序进行，直至各号筛全部筛完为止。

（4）称取各号筛上的筛余量，精确至 1g，试样在各号筛上的筛余量不得超过 200g，否则应将筛余试样分成两份，在进行筛分，并以两次筛余量之和作为该号筛的筛余量。

4. 结果计算与评定

（1）计算分计筛余百分率。各号筛上的筛余量与试样总量之比，计算精确至 0.1%。

（2）计算累计筛余百分率。每号筛的分计筛余百分率加上该号筛以上各分计筛余百分率之和，精确至 0.1%。筛分后，如每号筛的筛余量与筛底的剩余量之和同原试样质量之差超过 1% 时，须重新试验。

（3）砂的细度模数按式（4-1）计算（精确至 0.1）。

（4）累计筛余百分率取两次试验结果的算术平均值，精确至 1%。细度模数取两次试验结果的算术平均值，精确到 0.1；如两次试验的细度模数之差超过 0.20，则须重做试验。

（5）根据各号筛的累计筛余百分率，采用修约值比较法评定该试样的颗粒级配。

砂的含泥量检测

1. 检测目的

混凝土用砂的含泥量对混凝土的技术性能有很大影响，故在拌制混凝土时应对建筑用砂含泥量进行试验，为普通混凝土配合比设计提供原材料参数。

2. 仪器设备

托盘天平、筛、烘箱、容器（筒）、搪瓷盘等。

3. 试验步骤

（1）将试样缩分至约 1100g，置于温度 105±5℃的烘箱中烘干至恒重，冷却至室温后，称取各为 400g 的试样两份备用。

（2）取烘干的试样一份置于容器中，并注入饮用水，使水面高出砂面约 150mm，充分拌匀后，浸泡 2h，然后用手在水中淘洗试样，使尘屑、淤泥和黏土与砂粒分离，并使之悬浮或溶于水中。缓缓地将浑浊液倒入 1.25mm 及 80μm 的套筛（1.25mm 筛放在上面）上，滤去小于 80μm 的颗粒。试验前筛子的两面应先用水润湿，在整个试验过程中应注意避免砂粒丢失。

（3）再次加水于筒中，重复上述过程，直至筒内洗出的水清澈为止。

（4）用水淋洗剩余在筛上的细粒，并将 80μm 的筛放在水中（使水面略高出筛中砂粒的上表面）来回摇动，以充分洗除小于 80μm 的颗粒。然后将两只筛上剩留的颗粒和容器中已经洗净的试样一并装入搪瓷盘，置于温度为 105±5℃的烘干箱中烘干至恒重。待冷却至室温后，称出试样的质量（m_1）。

4. 结果计算与评定

含泥量 ω_c 按下式计算（精确至 0.1%）：

$$\omega_c = \frac{m_0 - m_1}{m_0} \times 100\% \tag{4-2}$$

式中　ω_c——含泥量，%；

　　　m_1——试验后烘干试样的重量，g；

　　　m_0——试验前烘干试样的重量，g。

以两个试样试验结果的算术平均值作为测定值。两次结果之差大于 0.5% 时，应重新取样进行试验。

泥块含量检测

1. 检测目的

测定水泥混凝土用砂中颗粒大于 1.18mm 的泥块含量。

2. 仪器设备

托盘天平、筛、烘箱、容器（筒）、搪瓷盘等。

3. 试验步骤

（1）将试样缩分至约 5000g，置于温度 105±5℃的烘箱中烘干至恒重，冷却至室温后，称取各为 400g 的试样两份备用。

（2）取烘干的试样一份置于容器中，并注入饮用水，使水面高出砂面约 150mm，充分拌匀后，浸泡 24h，然后用手在水中碾碎泥块，再把试样放在 0.63mm 筛上，用水淘洗。直至水清澈为止。

（3）保留下来的试样应小心地从筛里取出，装入搪瓷盘后，置于温度 105±5℃烘箱中烘干至恒重，冷却后称重（m_2）。

4. 结果计算与评定

含泥量 $\omega_{c,1}$ 按下式计算（精确至 0.1%）：

$$\omega_{c,1} = \frac{m_1 - m_2}{m_1} \times 100\% \tag{4-3}$$

式中　$\omega_{c,1}$——含泥量，%；

$\qquad m_2$——试验后烘干试样的重量，g；

$\qquad m_1$——试验前烘干试样的重量，g。

以两个试样试验结果的算术平均值作为测定值。

4.3.3　石子的质量检测

必检项目：筛分析，含泥量，泥块含量，针状和片状颗粒的总量，石子压碎值检测。

1. 取样

取样方法：

（1）在料堆上取样时，取样部位应均匀分布，取样前先将取样部位表面层铲除，然后由各个部位抽取大致相等的砂共 16 份，各自组成一组试样。

（2）从皮带运输机上取样时，应在皮带运输机尾部的出料处用接料器定时取出 8 份，各自组成一组试样。

（3）从火车、汽车、货船等处取样时，从不同部位和深度抽取大致相等的砂 16 份，各自组成一个试样。

（4）若检测不合格时，应重新取样，对不合格项进行加倍复试，若仍然有一个试样不能满足要求，应按不合格处理。

（5）每组样品的取样数量，对每一个单项试验，应不少于表 4-12 的规定。

2. 石子的缩分方法

将每组样品置于平板上，在自然状态下拌合均匀，并堆成锥体，然后沿互相垂直的两条直径把锥体分成大致相等的四份，取其对角的两份重新拌匀，再堆成锥体，重复上述过程，直至缩分的材料量略多于试验所必需的量为止。石子的含水率、堆积密度、紧密密度检验所用的试样，不经缩分，拌匀后直接进行试验。

每一单项检验项目所需碎石或卵石的最少取样质量（kg）　　　　　表 4-12

试验项目	最大粒径(mm)							
	9.5	16.0	19.0	26.5	31.5	37.5	63.0	75.0
颗粒级配	9.5	16.0	19.0	25.0	31.5	37.5	63.0	80.0
针、片状颗粒含量	1.2	4.0	8.0	12.0	20.0	40.0	40.0	40.0
含泥量	8.0	8.0	24.0	24.0	40.0	40.0	80.0	80.0

续表

试验项目	最大粒径（mm）							
	9.5	16.0	19.0	26.5	31.5	37.5	63.0	75.0
泥块含量	8.0	8.0	24.0	24.0	40.0	40.0	80.0	80.0
表观密度	8.0	8.0	8.0	8.0	12.0	16.0	24.0	24.0
堆积密度与空隙率	40.0	40.0	40.0	40.0	80.0	80.0	120.0	120.0
吸水率	2.0	4.0	8.0	12.0	20.0	40.0	40.0	40.0
碱骨料反应	20.0	20.0	20.0	20.0	20.0	20.0	20.0	20.0

注：有机物含量、含水率、坚固性及硫酸盐和硫化物含量检验，应按试验仪器的粒级和数量取样。

4.3.4 石子的检测方法

碎石、卵石筛分析试验

1. 检测目的

掌握国家标准《建设用卵石、碎石》GB/T 14685—2011 的测试方法，测定碎石、卵石的颗粒级配及粒级规格，为混凝土配合比设计提供依据。正确使用仪器和设备，并熟悉其性能。

2. 仪器设备

天平、方孔筛、烘箱、摇筛机、搪瓷盘、毛刷等。

3. 试验步骤

（1）按表 4-12 规定取样，并将试样缩分至略大于表 4-13 规定的数量，烘干后备用；

（2）根据试样的最大粒径，按表 4-13 称取规定的数量试样一份，将试样倒入按孔径大到小从上到下组合的套筛（附筛底），然后进行筛分。

（3）将套筛置于摇筛机上，摇 10min，取下套筛，按筛孔大小顺序再逐个用手筛，筛至每分钟通过量小于试样总量 0.1% 为止。通过的颗粒并入下一号筛中，并和下一号筛中的试样一起过筛，这样顺序进行，直至各号筛全部筛完为止。当筛余颗粒的粒径大于 19.0mm 时，在筛分过程中允许用手指拨动颗粒。

（4）称出各号筛的筛余量，精确至 1g。

碎石或卵石颗粒级配试验所需试样数量　　表 4-13

最大粒径（mm）	9.5	16.0	19.0	26.5	31.5	37.5	63.0	75.0
最少试样用量（kg）	1.9	3.2	3.8	5.0	6.3	7.5	12.6	16.0

4. 结果计算与评定

（1）计算分计筛余百分率。各号筛上的筛余量与试样总量之比，计算精确至 0.1%。

（2）计算累计筛余百分率。每号筛的筛余百分率加上该号筛以上各筛余百分率之和，精确至 1%。筛分后，如每号筛的筛余量与筛底的筛余量之和同原试样质量之差超过 1% 时，须重新试验。

（3）根据各号筛的累计筛余百分率，采用修约值比较法评定该试样的颗粒级配。

石子的含泥量检测

1. 检测目的

混凝土用石子的含泥量过大会降低混凝土骨料界面的粘结强度，也会降低混凝土的抗拉强度，对控制混凝土的裂缝不利。

2. 仪器设备

托盘天平、筛、烘箱、容器（筒）、搪瓷盘等。

3. 试验步骤

（1）将试样缩分至约略大于表 4-14 规定的能倍数量，置于温度（105±5）℃的烘箱中烘干至恒重，冷却至室温后，分为大致相等的两份备用。

含泥量试验所需试样数量　　　　　　　表 4-14

最大粒径(mm)	9.5	16.0	19.0	26.5	31.5	37.5	63.0	75.0
最少试样用量(kg)	2.0	2.0	6.0	6.0	10.0	10.0	20.0	20.0

（2）根据试样的最大粒径，称取烘干的试样一份（m_0）置于容器中，并注入饮用水，使水面高出石子面约 150mm，充分拌匀后，浸泡 2h，然后用手在水中淘洗试样，使尘屑、淤泥和黏土与石子颗粒分离，把浑水缓缓地倒入 1.18mm 及 75μm 的套筛（1.18mm 筛放在上面）上，滤去小于 75μm 的颗粒。试验前筛子的两面应先用水润湿。在整个试验过程中应注意避免大于 75μm 颗粒丢失。

（3）再次加水于筒中，重复上述过程，直至筒内洗出的水清澈为止。

（4）用水淋洗剩余在筛上的细粒，并将 75μm 的筛放在水中（使水面略高出筛中石子颗粒的上表面）来回摇动，以充分洗除小于 75μm 的颗粒。然后将两只筛上剩留的颗粒和容器中已经洗净的试样一并装入搪瓷盘，置于温度为（105±5）℃的烘干箱中烘干至恒重。待冷却至室温后，称出试样的质量（m_1）。

4. 结果计算与评定

含泥量 ω_c 按式（4-2）计算（精确至 0.1%）。

以两个试样试验结果的算术平均值作为测定值。两次结果之差大于 0.2% 时，应重新取样进行试验。

石子的压碎值检测

1. 检测目的

混凝土用石子的压碎值试验适用于测定碎石在逐渐增加的荷载下抵抗压碎的能力，是衡量碎石力学性质的指标。

2. 仪器设备

石料压碎指标测定仪（受压试模）、压力试验机、天平、标准筛、金属棒。

3. 试验步骤

（1）试样风干后，采用 19.0mm 和 9.5mm 标准筛过筛，去除针、片状颗粒后，取粒径为 9.5～19.0mm 的试样三组各 3000g，供试验使用。

（2）将试样分两层装入圆模（置于底盘上）内，每装完一层试样后，在底盘下面垫放一直径为 10 的圆钢，将筒按住，左右交替颠击地面各 25 次，再填装下一层。两次颠实完成后，平整模内试样表面，盖上压头。

（3）将装有试样的圆模置于压力试验机上，开动试验机，按 1kN/s 速度均匀加荷至 200kN，稳压 5s，然后卸载。

（4）将试筒从压力机上取下，倒出试样，用孔径为 2.36mm 的标准筛筛除经压碎的细粒，称出留在筛上的全部颗粒质量（G_1），精确到 1g。

4. 结果计算与评定

压碎指标值按下式计算（精确至 0.1%）：

$$Q_0 = \frac{G_0 - G_1}{G_0} \times 100\% \tag{4-4}$$

式中　Q_0——含泥量，%；

　　　G_0——试样的质量，g；

　　　G_1——压碎试样筛余的质量，g。

压碎指标取三次试验结果的算术平均值作为测定值，精确至 1%。

4.4 混凝土拌合物的和易性

混凝土各组成材料按一定比例配合，经搅拌均匀后尚未粘结硬化的材料称为混凝土拌合物或新拌混凝土。混凝土拌合物必须具有良好的和易性，才能便于施工和获得均匀而密实的混凝土，从而保证混凝土的强度和耐久性。

4.4.1 和易性的概念

和易性是指混凝土拌合物易于施工操作（搅拌、运输、浇筑、捣实），并能获得均匀、密实的混凝土的性能。和易性是一项综合性的技术指标，包括流动性、黏聚性和保水性三方面的性能。

1. 流动性

流动性是指混凝土拌合物在自重或机械振捣作用下，能流动并均匀密实地填满模板的性能。其评定指标为坍落度。流动性的大小，反应混凝土拌合物的稀稠，直接影响着浇捣施工的难易和混凝土的质量。流动性越大，施工操作越方便，越易振捣、成型。

2. 黏聚性

黏聚性是指混凝土拌合物具有一定的黏聚力，在运输及浇筑过程中不致出现分层和离析现象，使混凝土保持整体均匀的性能。黏聚性差的拌合物，在施工中易发生分层、离析，致使混凝土硬化后产生"蜂窝""麻面"等缺陷，影响强度和耐久性。

3. 保水性

保水性是指混凝土拌合物保持水分不易析出的能力。保水性差的拌合物，在施工中容易泌水，并积聚到混凝土表面，引起表面疏松，或积聚到骨料或钢筋的下表面而形成空隙，从而削弱了骨料或钢筋与水泥石的结合力，影响混凝土硬化后的质量。渗水通道会形成开口空隙，降低混凝土的强度和耐久性。

4.4.2　和易性的测定

和易性是一项综合的技术性质。国家标准《普通混凝土拌合物试验方法标准》GB/T 50080—2016 规定，混凝土拌合物的流动性可采用坍落度法和维勃稠度法测定，并观察黏聚性和保水性，以便全面地评定混凝土拌合物的和易性。

1. 坍落度法

将混凝土拌合物按规定的方法装入坍落度筒内，提起坍落度筒后拌合物因自重而向下坍落，下落的尺寸（以"mm"计）即为该混凝土拌和物的坍落度值，用 T 表示，如图 4-3 所示。用坍落度值来表示混凝土拌合物的流动性，在测定坍落度的同时，应观察黏聚性和保水性，以便全面地评定混凝土拌合物的和易性。

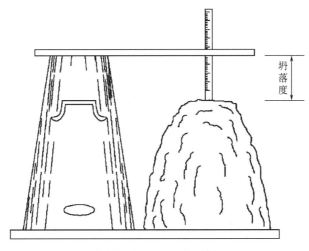

图 4-3　坍落度测定示意图

按混凝土拌合物根据其坍落度大小分为四级：低塑性混凝土（T 为 10～40mm）、塑性混凝土（T 为 50～90mm）、流动性混凝土（T 为 100～150mm）、大流动性混凝土（$T \geqslant 160$mm）。

2. 维勃稠度法

当拌合物的坍落度值小于 10mm 的干硬性混凝土拌合物采用维勃稠度法测定其流动性。

维勃稠度仪的装置如图 4-4 所示，把维勃稠度仪水平放置在坚实的基面上，将混凝土拌合物按照坍落度的同样要求装入振动台上的坍落度筒内，然后提起坍落度筒，再将透明圆盘盖在混凝土顶面，同时开启振动台和秒表；振至透明圆盘底面被水泥浆布满时关闭振动台，由秒表读出此时所用时间（以"s"计），即为拌合物的维勃稠度值，用 V 表示。维勃稠度值越小，流动性越好，反之维勃稠度值越大，表示黏度越大，越不易振实。

3. 坍落度的选择

正确选择坍落度值，对于保证混凝土施工质量、节约水泥具有重要意义。原则上应在

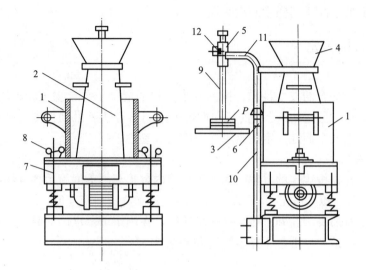

图 4-4　维勃稠度仪（构造详图）

1—容器；2—坍落度筒；3—圆盘；4—料斗；5—套筒；6—螺栓；7—振动台；
8—元宝螺钉；9—滑棒；10—支柱；11—旋转架；12—螺栓

便于施工操作并能保证振捣密实的条件下，尽可能取较小的坍落度。

选择混凝土拌合物的坍落度，要根据结构类型、构件截面大小、配筋疏密、输送方式和施工捣实方法等因素来确定。按《混凝土结构工程施工质量验收规范》GB 50204—2015 的规定，混凝土浇筑时的坍落度宜按表 4-15 选用。

混凝土浇筑时的坍落度选用表　　　　　　　　　　　　　　　　表 4-15

项目	结构种类	坍落度（mm）
1	基础或地面等的垫层、无配筋的厚大结构或配筋稀疏的结构构件	10～30
2	梁、板和大型及中型截面的柱子等	30～50
3	配筋密列的结构(薄壁、筒仓、细柱等)	50～70
4	配筋特密的结构	70～90

表 4-15 是采用机械振捣的坍落度，采用人工振捣时可适当增大。当施工工艺采用混凝土泵输送混凝土拌合物时，则要求混凝土拌合物具有高的流动性，可通过掺入外加剂。

4.4.3　影响和易性的因素

和易性的
影响因素

1. 用水量

拌合物流动性随用水量增加而增大。若用水量过大，使拌合物黏聚性和保水性都变差，会产生严重泌水、分层或流浆；同时，强度和耐久性也随着降低。

2. 水泥浆用量

水泥浆用量是指单位体积混凝土内水泥浆的用量。在混凝土拌合物中，水泥浆用量显著影响和易性。如保持水灰比不变，水泥浆越多，流动性愈大，但不仅增加水泥用量，还会出现流浆现象，使拌合物的黏聚性变差，对混凝土的强度和耐久性也会产生不利影响；水泥浆越少则流动性越小，还不能填满骨料间空隙，拌合物就会产生崩塌现象，黏聚性也变差。因此，混凝土拌合物中水泥浆用量应以满足流动性和强度的要求为度，不宜过量。

3. 砂率

砂率是指混凝土中砂的质量占砂石总质量的百分率。砂率过大时骨料的总表面积和空隙率都增大，若在水泥浆不变的情况下，使水泥浆显得少了，减弱了水泥浆的润滑作用，导致混凝土拌合物的流动性降低。若砂率过小，使水泥浆显得富余，流动性加大，但不能保证粗骨料间有足够的砂浆层，也会降低混凝土拌合物的流动性，并严重影响其黏聚性和保水性，容易造成离析、流浆。当砂率适宜时，砂不但填满石子间的空隙，而且还能保证粗骨料间有一定厚度的砂浆层，以减小粗骨料间的摩擦阻力，使混凝土拌合物有较好的流动性。这个适宜的砂率，称为合理砂率。当砂率适宜时，能使混凝土拌合物获得所要求的流动性及良好的粘聚性和保水性，而且水泥用量最省。

4. 材料品种的影响

级配良好的骨料，空隙率小，在水泥浆量一定时，填充用的水泥浆减少，且润滑层较厚，和易性好；砂石颗粒表面光滑，相互间摩擦阻力较小时能增加流动性。

水泥对和易性的影响主要表现在水泥的需水性上。需水量大的水泥品种，达到相同的坍落度需要较多的用水量。常用水泥中普通硅酸盐水泥所配制的混凝土拌合物的流动性和保水性较好；矿渣水泥所配制的混凝土拌合物流动性较大，但黏聚性和保水性较差；火山灰水泥需水量大，在相同加水量条件下，流动性显著降低，但黏聚性和保水性较好。

在混凝土中掺外加剂，可使混凝土拌合物在不增加水泥浆量的情况下，获得较好的流动性，改善黏聚性和保水性。

5. 施工方面的影响

施工中环境温度、湿度的变化，运输时间的长短，称料设备、搅拌设备及振捣设备的性能等都会对和易性产生影响。

4.4.4　改善和易性的措施

在实际施工中，可采用如下措施调整混凝土拌合物的和易性：

（1）采用合理砂率。

（2）改善砂、石的级配。

（3）在可能条件下，尽量采用较粗的砂石。

（4）在上述基础上，当混凝土拌合物坍落度太小时，保持水灰比不变，适当增加水泥和水的用量；当混凝土拌合物坍落度太大时，保持砂率不变，适当增加砂、石用量。

（5）掺用外加剂，如减水剂、引气剂等。

4.5 混凝土的强度和耐久性

4.5.1 混凝土养护

混凝土成型后，必须在一定时间内保持适当的温度和足够的湿度，以使水泥充分水化，这就是混凝土的养护。采用标准养护的试件，应在温度为（20±5）℃的环境中静置一天后，编号、拆模，拆模后应立即放入温度为（20±2）℃，相对湿度为95％以上的标准养护室中养护，标准养护室内试件应放在支架上，彼此间隔10～20mm，试件表面应保持潮湿，并不得被水直接冲淋，混凝土养护如图 4-5 所示，标准养护 28d 后，进行混凝土立方体抗压强度试验。硬化后的混凝土应具有足够的强度和耐久性。

图 4-5　混凝土养护

4.5.2 混凝土的强度

混凝土的
抗压强度
和强度
等级

强度是混凝土最重要的力学性质，因为混凝土主要用于承受荷载或抵抗各种作用力。混凝土的强度分为抗压强度、抗拉强度、抗弯强度和抗剪强度等。其中，混凝土的抗压强度最大，抗拉强度最小，因此，混凝土主要用于承受压力。

1. 混凝土立方体抗压强度

（1）立方体抗压强度与强度等级

混凝土的立方体抗压强度常作为评定混凝土质量的基本指标，并作为确定其强度等级的依据，在实际工程中提到的混凝土的强度一般是指抗压强度。

根据《混凝土物理力学性能试验方法标准》GB/T 50081—2019 制作边长为 150mm 的标准立方体试件，在标准条件（温度为 20±2℃，相对湿度为95％以上）下，或在水中养护到 28d 龄期，所测得的抗压强度值为混凝土立方体抗压强度，以 f_{cu} 表示。在立方体极限抗压强度总体分布中，具有 95% 保证率的抗压强度，称为立方体抗压强度标准值（$f_{cu,k}$）。

混凝土强度等级是按混凝土立方体抗压强度标准值确定。混凝土强度等级采用符号 C 与立方体抗压强度标准值（单位 N/mm² 即 MPa）表示。按照《混凝土结构设计规范》GB 50010—2010 规定，普通混凝土划分为 C15、C20、C25、C30、C35、C40、C45、C50、C55、C60、C65、C70、C75、C80 共 14 个等级。例如，C25 表示混凝土立方体抗压强度标准值为 25MPa，即混凝土立方体抗压强度大于 25MPa 的概率为 95% 以上。

（2）折算系数

混凝土立方体试件的最小尺寸应根据粗骨料的最大粒径确定。边长为 150mm 的立方体试件为标准试件，边长为 100mm、200mm 的立方体试件为非标准试件。当采用非标准试件确定强度时，应将其抗压强度值乘以表 4-16 的折算系数，换算成标准试件的抗压强度值。

试件尺寸及折算系数　　　　　　　　　　　　表 4-16

骨料的最大粒径（mm）	试件尺寸（mm）	折算系数
≤31.5	100×100×100	0.95
≤40	150×150×150	1.00
≤65	200×200×200	1.05

2. 混凝土轴心抗压强度

确定混凝土的强度等级采用立方体试件，但实际工程中，钢筋混凝土构件形式极少是立方体的，大部分是棱柱体形或圆柱体形。为了使测得的混凝土强度接近混凝土构件的实际情况，在钢筋混凝土结构计算中，计算轴心受压构件（如柱子等）时，常以轴心抗压强度作为依据。

国家标准规定，轴心抗压强度采用 150mm×150mm×300mm 的标准试件，在标准条件下养护 28d，测其抗压强度，即为轴心抗压强度标准值（f_{cp}）。试验表明，混凝土的轴心抗压强度与立方体抗压强度之比约为 0.7～0.8。

3. 混凝土的劈裂抗拉强度

混凝土的抗拉强度很低，一般只有抗压强度的 1/20～1/10，故在钢筋混凝土结构中，不考虑混凝土承受结构中的拉力，拉力由钢筋来承受。但混凝土抗拉强度对混凝土抗裂性具有重要作用，它是结构设计中确定混凝土抗裂度的主要指标。

4. 混凝土与钢筋的粘结强度

在钢筋混凝土结构中，为使钢筋充分发挥其作用，混凝土与钢筋之间必须有足够的粘结强度。混凝土抗压强度越高，其粘结强度越高。

5. 影响混凝土强度的因素

影响混凝土强度的因素很多，除施工方法和施工质量外，主要受下列因素的影响：

影响混凝土强度的主要因素

（1）水泥强度等级与水灰比

混凝土的强度主要取决于水泥石的强度及其与骨料间的粘结力，而水泥石的强度及其与骨料间的粘结力取决于水泥强度等级和水灰比的大小。故水泥强度等级与水灰比是影响混凝土强度的主要因素。在其他材料相同时，水泥强度等级越高，配制成的混凝土强度也越高。若水泥强度等级相同，则混凝土的强度主要取决于水灰比，水灰比越小，配制成的混凝土强度越高。但如果水灰比过小，拌合物过于干稠，在一定的施工条件下，混凝土不能被振捣密实，出现较多的蜂窝、孔洞，反而导致混凝土强度严重下降。

（2）骨料的质量

当骨料级配良好、砂率适当时，组成了坚强密实的骨架，有利于混凝土强度的提高。如果混凝土骨料中有害杂质较多、品质低、级配不好时，会降低混凝土的强度。由于碎石表面粗糙并富有棱角，与水泥的粘结力较强，所配制的混凝土强度比用卵石的要高。

（3）养护条件和龄期

混凝土的强度受养护条件及龄期的影响很大。在正常养护条件下，混凝土的强度将随龄期的增长而不断发展，最初几天强度发展较快，以后逐渐缓慢，28d 达到设计强度。如果能长期保持适当的温度和湿度，强度的增长可延续数十年。从图 4-6 也可以看出混凝土强度和龄期的关系。

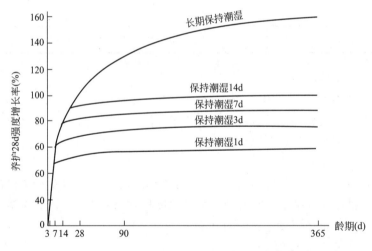

图 4-6 混凝土强度与保湿养护时间的关系

（4）试验条件

试件的尺寸、形状、表面状态及加荷速度等，称为试验条件。试验条件不同，会影响混凝土强度的试验值。

实践证明，材料用量相同的混凝土试件，其尺寸越大，测得的强度越低。棱柱体试件（150mm×150mm×300mm）要比立方体试件（150mm×150mm×150mm）测得的强度值小；当混凝土试件受压面上有油脂类润滑物时，测出的强度值较低；加荷速度越快，测得的混凝土强度值越大。综上所述，在其他条件完全相同的情况下，由于试验条件不同，所测得的强度试验结果也有所差异。因此，要得到正确的混凝土抗压强度值，就必须严格遵守国家有关的试验标准。

6. 提高混凝土强度的措施

根据影响混凝土强度的因素，采取以下措施提高混凝土的强度：

（1）采用高强度等级的水泥。

（2）采用水灰比较小、用水量较少的干硬性混凝土。

（3）采用级配良好的骨料及合理的砂率值。

（4）采用蒸汽养护和蒸压养护。

（5）采用机械搅拌、机械振捣，改进施工工艺。

（6）在混凝土中掺加减水剂、早强剂等外加剂，可提高混凝土的强度或早期强度。

4.5.3　混凝土的耐久性

混凝土除应具有设计要求的强度，以保证其能安全地承受设计荷载外，还应根据其周围的自然环境以及使用条件，具有经久耐用的性能。把混凝土抵抗环境介质作用并长期保持强度和外观完整性，维持混凝土结构的安全和正常使用的能力称为混凝土耐久性。

混凝土的耐久性主要包括抗渗性、抗冻性、抗侵蚀性、抗碳化性能、抗碱-骨料反应及抗风化性能等。

1. 抗冻性

混凝土的抗冻性是指混凝土在水饱和状态下，经受多次冻融循环作用而不被破坏，强度和质量也不严重降低的性能。混凝土的抗冻性用抗冻等级 F 表示。材料的抗冻性按冻融循环次数来划分其等级，如 F25、F50 等。

2. 抗渗性

抗渗性是指混凝土抵抗液体渗透的性能。用抗渗等级表示，共有 P4、P6、P8、P10、P12 和大于 P12 六个等级。混凝土抗渗性的好坏，在较大程度上影响着混凝土的抗冻性及抗侵蚀性。对于地下建筑、水坝、水池、港口工程、海洋工程等工程，必须要求混凝土具有一定的抗渗性。

3. 碳化

混凝土的碳化是空气中的二氧化碳在潮湿的条件下与水泥的水化产物氢氧化钙发生反应，生成碳酸钙和水的过程。碳化对混凝土性能既有有利的影响，又有不利的影响。其不利影响，首先是碱度降低，减弱了对钢筋的保护作用。其次碳化作用会增加混凝土的收缩，引起混凝土表面产生拉应力而出现细微裂缝，从而降低混凝土的抗拉、抗折强度及抗渗能力。碳化作用对混凝土也有一些有利的影响，即碳化作用产生的碳酸钙填充了水泥石的孔隙，以及碳化时放出的水分有助于未水化水泥的水化，从而可提高混凝土碳化层的密实度，对提高抗压强度有利。

混凝土的抗碳化反应

4. 碱-骨料反应

碱-骨料反应是指水泥中的碱（Na_2O、K_2O）与骨料中的活性二氧化硅发生化学反应，在骨料表面生成复杂的产物，这种产物吸水后，体积膨胀约 3 倍以上，导致混凝土产生膨胀开裂而破坏的现象。因其引起的破坏要若干年之后才会显现，很难预防，所以对于碱—骨料反应必须重视。其预防措施

混凝土的碱—骨料反应

如下：

（1）采用活性低或非活性骨料。

（2）控制水泥或外加剂中游离碱的含量。

（3）掺粉煤灰、矿渣或其他活性混合材料。

（4）保证混凝土密实程度和重视建筑物排水，使混凝土处于干燥状态。

5. 抗侵蚀性

混凝土的抗侵蚀性是指混凝土抵抗环境水侵蚀的能力。混凝土的抗侵蚀性主要取决于水泥的抗侵蚀性。

6. 提高混凝土耐久性的措施

（1）根据工程情况，合理的选择水泥。

（2）选用质量良好、技术条件合格的骨料。

（3）严格控制水灰比及保证足够水泥用量，见表 4-17。

（4）掺入减水剂和引气剂，提高混凝土的耐久性。

（5）改善施工操作，保证施工质量。

普通混凝土的最大水胶比和最小胶凝材料用量　　　　表 4-17

最大水胶比	最小胶凝材料用量（kg）		
	素混凝土	钢筋混凝土	预应力混凝土
0.60	250	280	300
0.55	280	300	300
0.50	320	320	320
≤0.45	330	330	330

4.6 普通混凝土性能检测

4.6.1 取样

混凝土工程施工中，取样进行混凝土试验时，其取样方法和原则应按现行《混凝土结构工程施工质量验收规范》GB 50204—2015 及《混凝土强度检验评定标准》GB/T 50107—2010 有关规定进行。

拌制混凝土的原材料应符合技术要求，并与施工实际用料相同。在拌制前，材料的温度应与室温（应保持在 20±5℃）相同。水泥如有结块现象，应用 64 孔/cm² 筛过筛，筛余团块不得使用。

拌制混凝土的材料用量以质量计。称量的精确度：骨料为±1%，水、水泥及混合材料为±0.5%。

4.6.2　试样制备

1. 试样准备

（1）根据现场原材料的情况及混凝土的设计强度确定配合比。

（2）按拌合 15L 混凝土算出试配拌合物的各种材料用量，并将所得结果记录在试验报告中。

（3）按上述计算称量各组成材料，同时另外还需备好两份为坍落度调整用的水泥、水、砂、石子。其数量可各为原来用量的 5％ 与 10％，备用的水泥与水的比例应符合原定的水灰比及砂率。

2. 拌合混凝土

（1）人工拌合

将拌板和拌铲用湿布润湿后，将称好的砂倒在拌板上，然后加入水泥，用铲自拌板一端翻拌至另一端，然后再翻拌回来，如此重复，直至颜色混合均匀，再加上石子，翻拌至混合均匀为止。将干混合料堆成堆，在中间扒一凹槽，将已称好的水，倒入一半左右在凹槽中，小心拌合（勿使水溢出或流出），拌合均匀后再将剩余的水边翻拌边加入至加完为止。每翻拌一次，应用铁铲将全部混凝土铲切一次，至少翻拌六次。拌合时间从加水完毕时算起，在 10min 内完成。

（2）机械拌合

拌合前应将搅拌机冲洗干净，并预拌一次，即用按配合比的水泥、砂和水组成的砂浆及少量石子，在搅拌机中进行涮膛。然后倒出并刮去多余的砂浆，其目的是使水泥砂浆先粘附满搅拌机的筒壁，以免正式拌合时影响拌合物的配合比。开动搅拌机，向搅拌机内依次加入石子、砂、水泥，干拌均匀，再将水徐徐加入，全部加料时间不超过 2min，水全部加入后，继续拌合 2min。将拌合物自搅拌机卸出，倾倒在拌板上，再经人工拌合 1～2min，即可做坍落度测定或试件成型。从开始加水时算起，全部操作必须在 10min 内完成。

4.6.3　混凝土拌合物和易性检测（坍落度法）

本方法适用于粗骨料最大粒径不大于 40mm、坍落度值不小于 10mm 的混凝土拌合物和易性测定。

1. 目的

掌握国家标准《普通混凝土拌合物性能试验方法标准》GB/T 50080—2016 的测试方法，测定塑性混凝土拌合物的和易性，以评定混凝土拌合物的质量。供调整混凝土实验室配合比用。

2. 仪器设备

混凝土搅拌机、坍落度筒（图 4-7）、捣棒（图 4-7）、小铲、钢尺、喂料斗、平头锹、2000mm×1000mm×3mm 铁皮（拌板）等。

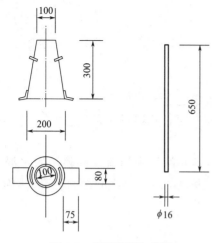

图 4-7　坍落度筒和捣棒

3. 检测步骤

（1）用湿布擦拭湿润坍落度筒及其他用具，并把坍落度筒放在铁皮上，用双脚踏紧踏板，使坍落度筒在装料时保持位置固定。

（2）用小铲将拌好的拌合物分三层均匀装入筒内，每层装入高度在插捣后大致应为筒高的 1/3。顶层装料时，应使拌合物高出筒顶。插捣过程中，如试样沉落到低于筒口，则应随时添加，以便自始至终保持高于筒顶。每装一层分别用捣棒插捣 25 次，插捣应在全部面积上进行，沿螺旋线由边缘渐向中心。插捣筒边混凝土时，捣棒稍有倾斜，然后垂直插捣中心部分。底层插捣应穿透该层。上层则应插到下层表面以下 10～20mm，浇灌顶层时，应将混凝土拌合物灌至高出筒口。插捣过程中，如混凝土沉落到低于筒口，则应随时添加。顶层插捣完后，刮去多余的混凝土抹平。

（3）清除坍落度筒筒边及底板上的混凝土后，垂直平稳地提起坍落度筒，轻放于试样旁边。坍落度筒的提离过程应在 5～10s 内完成。

从开始装料到提起坍落度筒的整个过程应不间断地进行，并应在 150s 内完成。

（4）提起坍落度筒后，量测筒高与坍落后混凝土试体最高点之间的高度差，即为该混凝土拌合物的坍落度值，以"mm"为单位（读数精确至 5mm）。

4. 结果评定

（1）坍落度筒提离后，如果混凝土发生崩塌或一边剪切现象，则应重新取样另行测定。如第二次试验仍出现上述现象，则表示该混凝土拌合物和易性差，应予记录备查。

（2）观察坍落后混凝土试体的黏聚性和保水性。

粘聚性的检测方法为：用捣棒在已坍落的拌合物锥体侧面轻轻击打。如果锥体逐渐下沉，表示黏聚性良好；如果突然倒塌，部分崩裂或出现离析，即为黏聚性不好。

保水性的检测方法为：提起坍落度筒后如有较多的稀浆从底部析出，锥体部分的拌合物也因失浆而骨料外露，则表明保水性不好。如无稀浆或仅有少量稀浆自底部析出，表明其保水性良好。

（3）当测得的拌合物的坍落度达不到要求，应对坍落度进行调整。

（4）混凝土拌合物和易性评定。应按试验测定值和试验目测情况综合评议。其中，坍落度值至少要测定两次，取两次的算术平均值作为最终的测定结果。两次坍落度测定值之差不大于 20mm。

4.6.4　混凝土抗压强度检测

1. 目的

掌握国家标准《混凝土物理力学性能试验标准》GB/T 50081—2019 及《混凝土强度检验评定标准》GB/T 50107—2010，测定混凝土抗压强度，为确定和校核混凝土配合比、控制施工质量提供依据。

2. 仪器设备

压力试验机、养护室（或养护箱）、试模、振动台、钢制捣棒、小铁铲、钢尺、镘刀、磅秤等。

3. 检测步骤

（1）试件成型和养护

混凝土抗压强度试验一般以三个试件为一组。每一组试件所用的拌合物应从同一盘或同一车运送的混凝土中取出，或在试验室用机械或人工单独拌制。

制作试件前，应将试模清刷干净，拧紧试模的各个螺钉（铸铁或铸钢试模），在其内壁涂上一薄层矿物油脂。

所有试件应在取样后立即制作，试件成型方法应视混凝土的稠度而定。一般坍落度小于 70mm 的混凝土，用振动台振实，大于 70mm 的用捣棒人工捣实。

采用振动台成型时，应将混凝土拌合物一次装入试模，装料时应用镘刀沿试模内壁略加插捣，并使混凝土拌合物高出试模上口。振动时，应防止试模在振动台上自由跳动。振动应持续到混凝土上表面出浆为止，刮除多余的混凝土，并用镘刀抹平。

采用人工插捣时，混凝土拌合物应分两层装入试模，每层的装料厚度大致相等。插捣按螺旋方向从边缘向中心均匀进行。插捣时，捣棒应保持垂直，并用镘刀沿试模内壁插入数次。每层插捣次数见表 4-18。

试件尺寸及强度值换算系数　　　　　　　　　　　　　　表 4-18

试件尺寸(mm)	每层插捣次数	每组需混凝土量(kg)	折算系数
100×100×100	12	9	0.95
150×150×150	25	30	1.00
200×200×200	50	65	1.05

养护采用标准养护的试件，应在温度为（20±5）℃的环境中静置一天后，编号、拆模，拆模后应立即放入温度为（20±2）℃，相对湿度为 95％以上的标准养护室中养护，标准养护室内试件应放在支架上，彼此间隔 10～20mm，试件表面应保持潮湿，并不得被水直接冲淋。无标准养护室时，混凝土试件可在温度为（20±2）℃的不流动的 $Ca(OH)_2$ 饱和溶液中养护。

试件成型后需与构件同条件养护时，应覆盖其表面。试件拆模时间可与实际构件的拆模时间相同。拆模后的试件仍应保持与构件相同的养护条件。

（2）破型

达到试验龄期时，从养护室取出试件并擦拭干净，检查外观，测量试件尺寸（精确至1mm），当试件有严重缺陷时，应废弃。试件取出后，应尽快进行试验，以免试件内部的温、湿度发生显著变化。

将试件放在试验机的下承压板正中，试件的承压面与成型时的顶面垂直。开动试验机，当上压板与试件接近时，调整球座，使接触均衡。加荷应连续而均匀。加荷速度为：混凝土强度等级<C30 时，取 0.3～0.5MPa/s；当混凝土强度等级≥C30 且<C60 时，取0.5～0.8MPa/s；混凝土强度等级≥C60 时，取 0.8～1.0MPa/s。当试件接近破坏而开始

迅速变形时，停止调整试验机油门，直至试件破坏，然后记录破坏荷载（F）。

4. 结果计算与评定

（1）混凝土立方体试件抗压强度按下式计算：

$$f_{cu} = \frac{F}{A} \tag{4-5}$$

式中　f_{cu}——混凝土立方体试件抗压强度，MPa；

　　　　F——破坏荷载，N；

　　　　A——试件承压面积，mm^2。

（2）以三个试件算术平均值作为该组试件的抗压强度值。三个试件中的最大值或最小值中，如有一个与中间值的差超过中间值的15%，则把最大值及最小值一并舍去，取中间值作为该组试件的抗压强度值。如最大值、最小值与中间值的差均超过中间值的15%，则该组试件的试验结果无效。

（3）取150mm×150mm×150mm试件抗压强度为标准值，用其他尺寸试件测得的强度值均应乘以尺寸换算系数（表4-18）。

4.6.5　见证送样

1. 混凝土抗压强度的见证送样

见证送样必须逐项填写检验委托单中的内容，如委托单位、施工单位、建设单位、工程名称、工程部位、见证单位、见证人、送样人、送样日期、混凝土的强度等级、混凝土试件成型日期、要求试验日期、养护方式、试件规格、检验项目、执行标准等。

2. 混凝土配合比设计的见证送样

见证送样必须逐项填写检验委托单中的各项内容，如委托单位、施工单位、建设单位、工程名称、工程部位、见证单位、见证人、送样人、送样日期、执行标准、混凝土的类别、混凝土的设计强度等级、坍落度、水泥品种、水泥强度等级、水泥出厂编号、水泥检验情况、掺合料名称、厂家、检验情况、外加剂的名称、外加剂的厂家、推荐掺量、检验情况等。掺外加剂时还应提供外加剂的使用说明书。

4.7 普通混凝土配合比设计

混凝土配合比设计的基础知识

　　　　混凝土配合比是指混凝土中各组成材料用量之间的比例关系。确定比例关系的工作为配合比设计。普通混凝土配合比应根据原材料性能及对混凝土的技术要求进行计算，并经试配、调整后确定。

4.7.1　混凝土配合比设计的基本要求

（1）满足混凝土结构设计所要求的强度等级。

（2）满足混凝土施工所要求的和易性。

（3）满足工程所处环境和使用条件对耐久性的要求。

（4）在满足上述要求的前提下，尽量节约水泥，以满足经济性要求。

4.7.2 混凝土配合比设计中的三个重要参数

混凝土配合比设计就是合理地确定水泥、水、砂与石子这四种基本组成材料用量之间的三个比例关系。即水与水泥之间的比例关系，常用水灰比（W/C）表示；砂与石子之间的比例关系，常用砂率（β_s）表示；水泥浆与骨料之间的比例关系，常用单位用水量（m_{w0}）来反映。水灰比、砂率、单位用水量是混凝土配合比的三个重要参数，在配合比设计中正确地确定这三个参数，就能使混凝土满足配合比设计的四项基本要求。

4.7.3 混凝土配合比设计的方法与步骤

混凝土配合比设计应根据所使用原材料的实际品种，经过计算、试配和调整三个阶段，得出合理你的配合比。

混凝土配合比设计步骤

1. 初步配合比的计算

（1）混凝土配制强度的确定

混凝土配制强度按下式计算：

$$f_{cu, 0} \geqslant f_{cu, k} + 1.645\sigma \tag{4-6}$$

式中 $f_{cu,0}$——混凝土配制强度，MPa；

$f_{cu,k}$——混凝土立方体抗压强度标准值，这里取设计混凝土强度等级值，MPa；

σ——混凝土强度标准差，MPa。

当施工单位不具有近期的同一品种混凝土强度资料时，其混凝土强度标准差可参考表4-19取用。

标准差 σ 值 表 4-19

强度等级（MPa）	≤C20	C25～C45	C50～C55
标准差（MPa）	4.0	5.0	6.0

（2）水灰比的确定

$$\frac{W}{C} = \frac{a_a f_{ce}}{f_{cu, 0} + a_a a_b f_{ce}} \tag{4-7}$$

式中 a_a、a_b——回归系数，当粗骨料为碎石取 $a_a = 0.53$，$a_b = 0.20$；

当粗骨料为卵石取 $a_a = 0.49$，$a_b = 0.13$；

f_{ce}——水泥28d抗压强度实测值，MPa。

当无水泥28d抗压强度实测值时，f_{ce} 值可按下式确定：

$$f_{ce} = \gamma_c f_{ce, g} \tag{4-8}$$

式中 γ_c——水泥强度等级值的富余系数，该值可按实际统计资料确定；

$f_{ce,g}$——水泥强度等级值。

为了保证混凝土的耐久性，水灰比还不得大于《混凝土结构设计规范》GB 50010—2010 中规定的最大水灰比值（表 4-20），如计算所得的水灰比大于规定的最大水灰比值时，应取规定的最大水灰比值。

（3）单位用水量的确定（m_{w0}）

干硬性或塑性混凝土用水量的确定：

情况一：当水灰比在 0.4～0.8 范围时，根据粗骨料品种、粒径及施工要求的混凝土拌合物稠度，可按表 4-21 选取。

耐久性要求规定的最大水灰比　　　　　　　表 4-20

环境类别	条件	最大水灰比	最低强度等级
一	室内干燥环境、无侵蚀性静水浸没环境	0.60	C20
二 a	室内潮湿环境、非严寒和非严寒地区的露天环境、非严寒和非严寒地区与无侵蚀性的水或土壤直接接触的环境、严寒和严寒地区的冰冻线以下与无侵蚀性的水或土壤直接接触的环境	0.55	C25
二 b	干湿交替环境、水位频繁变动环境、严寒和寒冷地区的露天环境、严寒和寒冷地区冰冻线以上与无侵蚀性的水或土壤直接接触的环境	0.50 (0.55)	C30 (C25)
三 a	严寒和寒冷地区冬季水位变动区环境、受除冰盐影响环境、海风环境	0.45 (0.50)	C35 (C30)
三 b	盐渍土环境、受除冰盐作用环境、海岸环境	0.4	C40

塑性和干硬性混凝土的用水量（kg/m³）　　　表 4-21

拌合物稠度		卵石最大公称粒径(mm)				碎石最大公称粒径(mm)			
项目	指标	10.0	20.0	31.5	40.0	16.0	20.0	31.5	40.0
坍落度 (mm)	10～30	190	170	160	150	200	185	175	165
	35～50	200	180	170	160	210	195	185	175
	55～70	210	190	180	170	220	205	195	185
	75～90	215	195	185	175	230	215	205	195
维勃稠度 (s)	16～20	175	160		145	180	170		155
	11～15	180	165		150	185	175		160
	5～10	185	170		155	190	180		165

注：1. 本表用水量系采用中砂时的取值。采用细砂时，每立方米混凝土用水量可增加 5～10kg；采用粗砂时，可减少 5～10kg。

2. 掺用各种外加剂或掺加料时，用水量应相应调整。

情况二：水灰比小于 0.4 的混凝土应通过试验确定。

流动性或大流动性混凝土用水量宜按下列步骤计算：

首先，以表 4-21 中坍落度 90mm 的用水量为基础，按坍落度每增加 20mm 用水量增加 5kg，计算出未掺外加剂时的用水量。

其次，掺外加剂时的混凝土用水量（m_{w0}）可按下式计算：

$$m_{w0} = m'_{w0}(1-\beta) \tag{4-9}$$

式中　m'_{w0}——未掺加外加剂时混凝土用水量，kg；

m_{w0}——掺加外加剂时混凝土用水量，kg；

β——外加剂的减水率，经试验确定。

（4）水泥用量（m_{c0}）的确定

$$m_{c0} = \frac{m_{w0}}{W/C} \tag{4-10}$$

（5）砂率（β_s）的确定

坍落度小于 10mm 的混凝土砂率，应经试验确定。

坍落度为 10~60mm 的混凝土砂率，可根据粗骨料品种、最大粒径及水灰比按表 4-22 选取。

坍落度大于 60mm 的混凝土砂率，可经试验确定，也可在表 4-22 的基础上，按坍落度每增加 20mm，砂率增大 1% 的幅度予以调整。

混凝土的砂率（%）　　　　　　　　　　　　　　　　　　表 4-22

水灰比 (W/C)	卵石最大公称粒径(mm)			碎石最大公称粒径(mm)		
	10.0	20.0	40.0	16.0	20.0	40.0
0.40	26~32	25~31	24~30	30~35	29~34	27~32
0.50	30~35	29~34	28~33	33~38	32~37	30~35
0.60	33~38	32~37	31~36	36~41	35~40	33~38
0.70	36~41	35~40	34~39	39~44	38~43	36~41

注：1. 本表数值系中砂的选用砂率，对细砂或粗砂，可相应地减少或增大砂率。

2. 只用一个单粒级粗骨料配制混凝土时，砂率应适当增大。

3. 采用人工砂配制混凝土时，砂率可适当增大。

（6）粗、细骨料用量的确定

当采用质量法时，应按下式计算：

$$m_{c0} + m_{s0} + m_{g0} + m_{w0} = m_{cp} \tag{4-11}$$

$$\beta_s = \frac{m_{s0}}{m_{g0} + m_{s0}} \times 100\% \tag{4-12}$$

式中　m_{c0}——每立方米混凝土的水泥用量，kg；

m_{w0}——每立方米混凝土的用水量，kg；

m_{s0}——每立方米混凝土的细骨料用量，kg；

m_{g0}——每立方米混凝土的粗骨料用量，kg；

m_{cp}——每立方米混凝土拌合物的假定重量，kg；其值可取 2350~2450kg；

β_s——砂率，%。

当采用体积法时，应按下式计算：

$$\frac{m_{c0}}{\rho_c} + \frac{m_{g0}}{\rho_{g0}} + \frac{m_{s0}}{\rho_{s0}} + \frac{m_{w0}}{\rho_w} + 0.01\alpha = 1 \qquad (4\text{-}13)$$

$$\beta_s = \frac{m_{s0}}{m_{g0} + m_{s0}} \times 100\% \qquad (4\text{-}14)$$

式中　　ρ_c——水泥密度（kg/m³），也可取 2900～3100kg/m³；

　　　　ρ_{s0}——细骨料的表观密度，kg/m³；

　　　　ρ_{g0}——粗骨料的表观密度，kg/m³；

　　　　ρ_w——水的密度，kg/m³，可取 1000kg/m³；

　　　　α——混凝土的含气量百分数，在不使用引气型外加剂时，α 可取 1。

（7）初步配合比

经过上述计算，即可求出初步配合比。

常用的表示方法有：

以 1m³ 混凝土中各项材料的质量来表示：

即 1m³ 混凝土中水泥、粗骨料、细骨料及水的质量分别为 m_{c0}、m_{g0}、m_{s0} 及 m_{w0}。

以水泥为 1 的各项材料的质量比来表示：

$$m_{c0} : m_{s0} : m_{g0} = 1 : \frac{m_{s0}}{m_{c0}} : \frac{m_{g0}}{m_{c0}}, \quad \frac{W}{C} = \frac{m_{w0}}{m_{c0}}$$

2. 混凝土配合比的试配、调整

在试验室制备混凝土拌合物时，拌合时试验室温度应保持在（20±5）℃，所用材料的温度应与试验室温度保持一致。

（1）试配拌合物

混凝土试配应采用强制式搅拌机，搅拌机应符合《混凝土试验用搅拌机》JG244—2009 的规定，并宜与施工采用的搅拌方法相同。

试验室成型条件应符合现行国家标准《普通混凝土拌合物性能试验方法标准》GB/T 50080—2002 的规定。

每盘混凝土试配的最小搅拌量应符合表 4-23 的规定，并不应小于搅拌机额定搅拌量的 1/4。

混凝土试配的最小搅拌量　　　　　　　　　　　　　　　表 4-23

粗骨料最大粒径(mm)	最小搅拌的拌合物量(L)
31.5 及以下	20
40	25

（2）和易性的检验与调整

按计算量称取各材料进行试拌，搅拌均匀以检查拌合物的性能。当拌合物坍落度或维勃稠度不能满足要求，或黏聚性和保水性不好时，应在保证水灰比不变的条件下相应调整用水量或砂率，直到符合要求为止。然后确定供混凝土强度试验的基准配合比。

（3）强度检验

应在试拌配合比的基础上，进行混凝土强度检验，并应符合下列规定：

应至少采用三个不同的配合比。当采用三个不同的配合比时，其中一个应为满足和易性要求的初步配合比或初步配合比经调整满足和易性要求后的配合比为基准配合比，另外两个配合比的水灰比宜较基准配合比分别增加或减少 0.05，其用水量与基准配合比相同，砂率可分别增加或减少 1%。

进行混凝土强度试验时，应继续保持拌合物性能符合设计和施工要求，并检验其坍落度或维勃稠度、黏聚性、保水性及表观密度，作为相应配合比的混凝土拌合物性能指标。

进行混凝土强度试验时，每种配合比应至少制作一组试件，标准养护 28d 或设计强度要求的龄期时试压；也可同时多制作几组试件，按《早期推定混凝土强度试验方法标准》JGJ/T 15—2008 早期推定混凝土强度，用于配合比调整，但最终应满足标准养护 28d 或设计规定龄期的强度要求。

3. 确定设计配合比

由试验得出的各水灰比及其对应的混凝土强度关系，用作图法或计算法求出与混凝土配制强度（$f_{cu,0}$）相对应的灰水比，并应按下列原则确定每 $1m^3$ 混凝土的材料用量：

（1）用水量（m_w）应取基准配合比中的用水量，并根据制作强度试件时测得的坍落度或维勃稠度进行调整；

（2）水泥用量（m_c）应以用水量乘以选定的灰水比计算确定；

（3）粗骨料（m_g）和细骨料（m_s）用量应取基准配合比中的粗、细骨料用量，并按选定的灰水比进行调整。

当配合比经试配确定后，尚应按下列步骤校正：

根据以上确定的材料用量按下式计算混凝土拌合物的表观密度计算值：

$$\rho_{c,c} = m_c + m_g + m_s + m_w \tag{4-15}$$

应按下式计算混凝土配合比校正系数 δ：

$$\delta = \frac{\rho_{c,t}}{\rho_{c,c}} \tag{4-16}$$

式中　$\rho_{c,t}$——混凝土拌合物表观密度实测值，kg/m^3；

　　　$\rho_{c,c}$——混凝土拌合物表观密度计算值，kg/m^3。

当混凝土拌合物表观密度实测值与计算值之差的绝对值不超过计算值的 2% 时，以上确定的配合比应为确定的设计配合比；当二者之差超过 2% 时，应将配合比中每项材料用量乘以校正系数 δ 值，即为确定的混凝土设计配合比。

4. 施工配合比

上述设计配合比中的骨料是以干燥状态为准计算出来的。而施工现场的砂、石常含有一定的水分，并且含水率随气候的变化经常改变，为保证混凝土质量，现场材料的实际称量应按工地砂、石的含水率进行修正，修正后的配合比称施工配合比。若施工现场实测砂含水率为 $a\%$，石子含水率为 $b\%$，则将上述设计配合比换算为施工配合比：

$$m_c' = m_c \tag{4-17}$$
$$m_s' = m_s(1 + a\%) \tag{4-18}$$
$$m_g' = m_g(1 + b\%) \tag{4-19}$$
$$m_w' = m_w - a\% m_s - b\% m_g \tag{4-20}$$

式中　m_c'、m_s'、m_g'、m_w'——每立方米混凝土拌合物中，施工用的水泥、砂、石、水量，kg。

4.7.4 普通混凝土配合比设计计算实例

1. 设计混凝土初步配合比例题

【例 4-2】 某结构用钢筋混凝土梁，混凝土设计强度等级为 C30，坍落度为 30～50mm，用普通硅酸盐水泥 42.5 级，实测强度 46MPa；粗骨料为 5～20mm 的连续粒级的碎石，细骨料为级配合格的河砂，$\mu_f = 2.7$；水为自来水；施工采用机械搅拌，机械振捣。施工单位施工水平优良。

试设计混凝土初步配合比。

解：（1）确定混凝土配制强度（$f_{cu,0}$）

$$f_{cu,0} = f_{cu,k} + 1.645\sigma = 30 + 1.645 \times 5.0 = 38.23MPa$$

（2）确定水灰比$\left(\dfrac{W}{C}\right)$

$$\frac{W}{C} = \frac{a_a f_{ce}}{f_{cu,0} + a_a a_b f_{ce}} = \frac{0.53 \times 46}{38.23 + 0.53 \times 0.20 \times 46} = 0.57$$

查表 4-20，结构物处于干燥环境，要求 $W/C \leqslant 0.6$，所以水灰比可取 0.57。

（3）确定用水量（m_{w0}）

查表 4-21。$m_{w0} = 195kg$

（4）计算水泥用量（m_{c0}）

$$m_{c0} = \frac{m_{w0}}{W/C} = \frac{195}{0.57} = 342kg$$

查表 4-17，最小水泥用量不低于 280kg/m³。按强度计算单位水泥量 342kg/m³，符合耐久性要求。采用单位水泥量 342kg/m³。

（5）确定砂率（β_s）

查表 4-22，取 $\beta_s = 36\%$。

（6）计算砂、石用量

采用质量法，计算方法如下：

$$m_{c0} + m_{s0} + m_{g0} + m_{w0} = m_{cp}$$

$$\beta_s = \frac{m_{s0}}{m_{g0} + m_{s0}} \times 100\%$$

取每立方米混凝土拌合物的质量 $m_{cp} = 2400kg$，则

$$m_{s0} + m_{g0} = 2400 - 195 - 342 = 1863kg$$

$$m_{s0} = \beta_s \times (m_{s0} + m_{g0}) = 36\% \times 1863kg = 671kg$$

$$m_{g0} = 1863 - 671 = 1192kg$$

（7）得出初步配合比

水泥：$m_{c0} = 342kg$；砂：$m_{s0} = 671kg$；石子：$m_{g0} = 1192kg$；水：$m_{w0} = 195kg$。或者 $m_{c0} : m_{s0} : m_{g0} = 1 : 1.96 : 3.49$，$W/C = 0.57$。

2. 计算施工配合比例题

【例 4-3】已知混凝土的设计配合比为 343：625：1250，$\dfrac{W}{C}=0.54$；测定施工现场砂含水率为 3%，石含水率为 1%，计算施工配合比。

解：已知每立方米混凝土中：水泥用量 $m_{c0}=343kg$；砂用量 $m_{s0}=625kg$；石子用量 $m_{g0}=1250kg$；水用量 $m_{w0}=343kg\times0.54=185kg$，则施工配合比为：

$m'_c=m_c=343kg$

$m'_s=m_s(1+a\%)=625\times（1+3\%）=644kg$

$m'_g=m_g(1+b\%)=1250\times（1+1\%）=1263kg$

$m'_w=m_w-a\%m_s-b\%m_g=185-625\times3\%-1250\times1\%=154kg$

4.8　混凝土外加剂

混凝土外加剂是指在混凝土拌制过程中掺入的、用以改善混凝土性能的物质。除特殊情况外，掺量一般不超过水泥用量的 5%。

外加剂已成为混凝土中的第五种成分，虽然掺量小，但其技术经济效果却十分显著。

混凝土外加剂的种类繁多，根据标准的规定，混凝土外加剂按其主要功能分为四类：

外加剂的分类

（1）改善混凝土拌合物流变性能的外加剂，包括各种减水剂、引气剂和泵送剂等。

（2）改善混凝土耐久性的外加剂，包括引气剂、防水剂和阻锈剂等。

（3）调节混凝土凝结时间、硬化性能的外加剂，包括速凝剂、早强剂和缓凝剂等。

（4）改善混凝土其他性能的外加剂，包括防冻剂、膨胀剂和着色剂等。

目前，在建筑工程中应用较多和较成熟的外加剂有减水剂、早强剂、引气剂、缓凝剂和防冻剂等。

4.8.1　减水剂

减水剂是指在混凝土拌合物坍落度基本不变的条件下，能显著减少混凝土拌合用水量的外加剂。根据减水剂的作用效果及功能情况，可分为普通减水剂、高效减水剂、早强减水剂、缓凝减水剂、缓凝高效减水剂及引气减水剂等。

根据使用目的的不同，在混凝土中加入减水剂后，可取得以下效果：增加混凝土拌合物的流动性；提高混凝土的强度；改善混凝土的耐久性；节约水泥；掺用减水剂后，还可以改善混凝土拌合物的泌水、离析现象，延缓混凝土拌合物的凝结时间，减慢水泥水化放热速度。

减水剂是使用最广泛、效果最显著的一种外加剂。目前常用的是木质素系及萘系减水剂。木质素系减水剂包括木钙、木钠、木镁等。其中，木钙减水剂（又称 M 型减水剂）

使用较多。木钙减水剂可用于一般混凝土工程，尤其适用于大体积浇筑、滑模施工、泵送混凝土及夏季施工等。木钙减水剂不宜单独用于冬期施工，在日最低气温低于5℃时，应与早强剂或防冻剂复合使用。也不宜单独用于蒸汽混凝土及预应力混凝土，以免蒸养后混凝土表面出现酥松现象。

4.8.2 引气剂

引气剂是指在混凝土搅拌过程中，能引入大量分布均匀的、稳定而封闭的微小气泡的外加剂。

掺入引气剂能减少混凝土拌合物泌水、离析，改善和易性，并能显著提高混凝土抗冻性、抗渗性。目前，应用较多的引气剂为松香热聚物、松香皂、烷基苯磺酸盐等。引气剂可用于抗渗混凝土、抗冻混凝土、抗硫酸盐侵蚀的混凝土、泌水严重的混凝土、贫混凝土、轻混凝土以及对饰面有要求的混凝土等，特别对改善处于严酷环境的水泥混凝土路面、水工结构的抗冻性有良好效果。但引气剂不宜用于蒸养混凝土及预应力混凝土。

4.8.3 早强剂

早强剂是指能提高混凝土早期强度，并对后期强度无显著影响的外加剂。早强剂能加速水泥的水化和硬化，缩短养护周期，使混凝土在短期内即能达到拆模强度，从而提高模板和场地的周转率，加快施工进度，常用于混凝土的快速低温施工，特别适用于冬期施工或紧急抢修工程。

常用的早强剂有：氯盐类早强剂（如氯化钠、氯化钙）、硫酸盐类早强剂（如硫酸钠）等。但掺了氯盐类早强剂，会加速钢筋的锈蚀，从而导致混凝土开裂。为此国家对氯盐类早强剂的掺量应加以限制，通常对于配筋混凝土不得超过1%，无筋混凝土中掺量不得超过3%。为了抑制氯盐对钢筋的锈蚀，常将氯盐早强剂和阻锈剂（亚硝酸钠）复合使用。

4.8.4 缓凝剂

缓凝剂是指能延缓混凝土凝结时间，并对混凝土后期强度发展无不利影响的外加剂。常用的缓凝剂有：糖蜜、柠檬酸、酒石酸钠、含氧有机酸等，其掺量一般为水泥质量的0.01%～0.20%。掺量过大，会使混凝土长期酥松不硬，强度严重下降。

缓凝剂有缓凝、减水、降低水化热和增强作用，对钢筋也无锈蚀作用，主要适用于大体积混凝土和炎热气候下施工的混凝土，以及需长时间停放或长距离运输的混凝土。缓凝剂不宜用于日最低气温在5℃以下施工的混凝土，也不宜单独用于有早强要求的混凝土及蒸养混凝土。

4.8.5 防冻剂

防冻剂是指在规定温度下，能显著降低混凝土冰点，使混凝土液相不冻结或仅部分冻结，以保证水泥的水化作用，并在一定的时间内获得预期强度的外加剂。常用的防冻剂有氯盐类（氯化钙、氯化钠）、氯盐阻锈类（以氯盐与亚硝酸钠阻锈剂复合而成）、无氯盐类（以硝酸盐、亚硝酸盐、碳酸盐、乙酸钠或尿素复合而成）。

氯盐类防冻剂适用于无筋混凝土；氯盐阻锈类防冻剂适用于钢筋混凝土；无氯盐类防冻剂可用于钢筋混凝土工程和预应力钢筋混凝土工程。硝酸盐、亚硝酸盐、碳酸盐易引起钢筋的腐蚀，故不适用于预应力钢筋混凝土以及与镀锌钢材或与铝铁相接触部位的钢筋混凝土结构。

防冻剂用于负温条件下施工的混凝土。目前，国产防冻剂品种适用于 $-15\sim0℃$ 的气温，当在更低气温下施工时，应增加其他混凝土冬期施工措施，如暖棚法、原料（砂、石、水）预热法等。

4.8.6　速凝剂

速凝剂是指能使混凝土迅速凝结硬化的外加剂。目前常用的速凝剂有：红星Ⅰ型、711型和728型等。

速凝剂主要用于矿山井巷、铁路隧道、引水涵洞、地下工程以及喷锚支护时的喷射混凝土或喷射砂浆工程。在混凝土中加入速凝剂后，由于凝结时间短，故应在喷射前加入。

4.8.7　外加剂的选择与使用

在混凝土中掺用外加剂，若选择和使用不当，会造成质量事故。

外加剂品种、品牌很多，效果各异，特别是对不同品种水泥效果不同。在选择外加剂品种时，应根据工程需要、施工条件、混凝土原材料等因素通过试验确定。

外加剂的
选择和
使用

混凝土外加剂均有适宜掺量。掺量过小，往往达不到预期效果；掺量过大，则会影响混凝土的质量，甚至造成事故。因此，应通过试验试配确定最佳掺量。外加剂的掺量很少，必须保证其均匀分散，一般不能直接投入混凝土搅拌机内。对于可溶于水的外加剂，应先配制成合适浓度的溶液，随水加入搅拌机。对于不溶于水的外加剂，应与水泥或砂混合均匀后再加入搅拌机内。

4.9　其他混凝土

4.9.1　泵送混凝土

泵送混凝土是指可在施工现场通过压力泵及输送管道进行浇筑的混凝土。泵送混凝土的流动性大，其拌合物的坍落度不低于100mm。泵送混凝土应具有良好的黏聚性和保水性，且在泵压力作用下也不应产生离析和泌水，否则将会堵塞混凝土输送管道。配制泵送混凝土时，须加入泵送剂。《混凝土质量控制标准》GB 50164—2011 还规定，碎石不应大于输送管道内径的 1/3，卵石的最大粒径不应大于输送管道内径的 2/5；细骨料在 0.315mm 筛孔上的通过量不应少于 15%，在 0.16mm 筛孔上的通过量不应少于 5%。

泵送混凝土主要用于高层建筑、大型建筑等的基础、楼板、墙板及地下工程等，尤其适用于施工场地狭窄和施工机具受到限制的混凝土浇筑。它具有施工速度快、效率高、节约劳动力的特点，近年来在国内使用广泛。

4.9.2 预拌混凝土

预拌混凝土是指在预拌厂预先拌好，运到施工现场进行浇筑的混凝土拌合物。它多以商品的形式出售给施工单位，故也称为商品混凝土。也有一些施工单位内部设集中搅拌站，预拌混凝土运送到各个施工工地使用。一般分两种：集中搅拌混凝土和车拌混凝土。

采用预拌混凝土有利于实现建筑工业化，对提高混凝土质量、节约材料、实现现场文明施工和改善环境都具有突出的优点，并能取得明显地社会经济效益。

4.9.3 轻混凝土

轻混凝土是指干表观密度小于 2000kg/m³ 的混凝土。它包括轻骨料混凝土、多孔混凝土和大孔混凝土。

1. 轻骨料混凝土

用轻粗骨料、轻砂（或普通砂）、水泥和水配制而成的轻混凝土和砂轻混凝土，称为轻骨料混凝土。

轻骨料混凝土与普通混凝土相比，有如下特点：表观密度低；强度等级为 CL5.0、CL7.5、CL10、CL15、CL20、CL25、CL30、CL35、CL40、CL45、CL50、CL55、CL60 十三个等级；弹性模量低，所以抗震性能好；热膨胀系数较小；抗渗、抗冻和耐火性良好；导热系数低，保温性能好。

轻骨料混凝土主要适用于高层和多层建筑、软土地基、大跨度结构、抗震结构、要求节能的建筑和旧建筑的加层等。

2. 多孔混凝土

多孔混凝土是一种不用骨料，且内部均匀分布着大量细小气泡的轻质混凝土。根据气孔产生的方法不同，可分为加气混凝土和泡沫混凝土。加气混凝土用含钙材料（胶凝材料、石灰）、含硅材料（石英砂、粉煤灰、粒化高炉矿渣等）和发气剂为原料，经磨细、配料、搅拌、浇筑、成型、切割和蒸压养护（0.8~1.5MPa 下养护 6~8h）等工序生产而成。其孔隙率大，吸水率大，强度较低，保温性能好，抗冻性能差，常用作屋面板材料和墙体材料。

泡沫混凝土是将水泥浆和泡沫剂拌合成型，经硬化而成的一种多孔混凝土。泡沫混凝土的技术性能和应用与相同表观密度的加气混凝土大体相同。泡沫混凝土还可在现场直接浇筑，用作屋面保温层。

3. 大孔混凝土

大孔混凝土是以粗骨料、胶凝材料和水配制而成的一种轻质混凝土，又称无砂混凝土。

大孔混凝土按其所用骨料品种不同，分为普通大孔混凝土和轻骨料大孔混凝土。普通大孔混凝土的表观密度一般为 $1500\sim1950kg/m^3$，抗压强度为 $3.5\sim10MPa$，多用于承重及保温的外墙体。轻骨料大孔混凝土的表观密度为 $800\sim1950kg/m^3$，抗压强度为 $1.5\sim7.5MPa$，适用于非承重的墙体。

大孔混凝土的导热系数小，保温性能好，吸湿性较小，收缩一般比普通混凝土小 $30\%\sim50\%$，抗冻性可达 $15\sim25$ 次冻融循环。大孔混凝土可用于制作墙体用的小型空心砌块和各种板材，也可用于现浇墙体。普通大孔混凝土还可制成送水管、滤水板，广泛用于市政工程。

4.9.4　抗渗混凝土（防水混凝土）

抗渗混凝土是指抗渗等级等于或大于 P6 级的混凝土。即能抵抗 0.6MPa 及其以上的静水压力作用而不发生透水现象。主要用于水工工程、地下基础工程、屋面防水工程等。

抗渗混凝土一般是通过混凝土组成材料的质量改善，合理选择混凝土配合比和骨料级配，以及掺加适量外加剂，达到混凝土内部密实或者堵塞混凝土内部毛细管通道，使混凝土具有较高的抗渗性。

4.9.5　高强混凝土

高强混凝土是指强度等级为 C60 及 C60 以上的混凝土。

高强混凝土的特点是强度高、脆性大、耐久性好、变形小，能适应现代工程结构向大跨度、重荷载、高层、超高层的发展和承受恶劣环境条件的需要。使用高强混凝土可获得明显的工程效益和经济效益。

目前，我国实际应用的高强混凝土为 C60～C100，主要用于混凝土桩基、预应力轨枕、电杆、大跨度薄壁结构、桥梁和输水管等。

4.9.6　聚合物混凝土

聚合物混凝土是指在混凝土组成材料中掺入聚合物的混凝土。聚合物混凝土体现了有机聚合物和无机胶凝材料的优点，克服了水泥混凝土的一些缺点。一般可分为三种：

1. 聚合物水泥混凝土

聚合物水泥混凝土是以聚合物（如天然或合成橡胶乳液，热塑性树脂乳液）和水泥共同作为胶凝材料的聚合物混凝土。与普通混凝土相比，聚合物水泥混凝土具有较好的耐久性、耐磨性、耐腐蚀性和耐冲击性等。目前，主要用于现场灌注无缝地面、耐腐蚀性地面、桥面及修补混凝土工程中。

2. 聚合物浸渍混凝土

聚合物浸渍混凝土是以已硬化的水泥混凝土为基材，而将有机单体（如苯乙烯、甲基丙烯酸甲酯等）渗入混凝土中，然后再用加热或放射线照射的方法使其聚合，使混凝土与聚合物形成一个整体。聚合物浸渍混凝土具有高强度、抗渗、抗冻、耐蚀、耐磨、抗冲击等显著优点。但由于其造价较高，实际应用是主要利用其高强度、高耐久性，制造一些特殊构件，如海洋构筑物、液化天然气贮罐等。

3. 聚合物胶结混凝土

聚合物胶结混凝土又称树脂混凝土，是以合成树脂为胶结材料，以砂石为骨料的一种聚合物混凝土。树脂混凝土与普通混凝土相比，具有强度高和耐腐蚀、抗冻性好等优点，缺点是硬化时收缩大、耐久性差。由于目前成本较高，只能用于特殊工程（如耐腐蚀工程、修补混凝土构件等）。此外，树脂混凝土可做成美观的外表，又称人造大理石，可以制成桌面、地面砖、浴缸等装饰材料。

4.9.7 透水混凝土

透水混凝土是由骨料、水泥和水拌制而成的一种多孔轻质混凝土。它不含细骨料，由粗骨料表面包裹一薄层水泥浆相互粘结而形成孔穴均匀分布的蜂窝状结构，故具有透气、透水和轻质的特点，作为环境负荷减少型混凝土，透水混凝土的研究开发越来越受到重视。

透水混凝土具有与普通混凝土所不同的特点：密度小、水的毛细现象不显著、透水性大、水泥用量小、施工简单等，因此这种建筑材料的优越性不断为人所知，并在道路领域逐渐得到应用。它能够增加渗水地表的雨水，缓解城市的地下水位急剧下降等一些城市环境问题。

透水混凝土作为一种新的环保型、生态型的道路材料，已日益受到人们的关注。它对于恢复不断遭受破坏的地球环境是一种创造性的材料，将对人类的可持续发展做出贡献。

思考及练习题

一、判断题（对的打"√"，错的打"×"）

答案

1. 在保证混凝土强度和耐久性的前提下，尽量选较大的水灰比，可以节约水泥。（　　）

2. 在结构尺寸及施工条件允许下，应尽可能选择较大粒径的粗骨料，这样可以节约水泥。（　　）

3. 级配好的骨料，其空隙率小、总表面积小。（　　）

4. 在混凝土拌合物中，保持 W/C 不变增加水泥浆量，可增大其流动性。（　　）

5. 卵石混凝土比同条件配合比拌制的碎石混凝土的流动性好，但强度低些。（　　）

6. 同种骨料，级配良好者配制的混凝土强度高。（　　）

7. 在混凝土中掺入引气剂，则混凝土密实度降低，因而使混凝土的抗冻性亦降低。（　　）

8. 混凝土用砂的细度模数越大，表示该砂越粗。（   ）

9. 卵石由于表面光滑，所以与水泥浆的粘结比碎石牢固。（   ）

10. 混凝土设计强度等于配制强度时，混凝土的强度保证率为95%。（   ）

11. 若砂的筛分曲线落在限定的三个级配区的一个区内，则其级配是合格的。（   ）

12. 轻混凝土即是干表观密度小的（<2000kg/m³）混凝土。（   ）

13. 砂、石中所含的泥及泥块可使混凝土的强度和耐久性大大降低。（   ）

14. 混凝土的流动性用沉入度表示。（   ）

15. 混凝土强度试验，试件尺寸越大，强度越低。（   ）

二、填空题

1. 在混凝土中，砂和石子起_____作用，水泥浆在硬化前起_____作用，在硬化后起_____作用。

2. 混凝土是由有机或无机_____、骨料和水，必要时掺入外加剂和矿物质混合材料，按预先设计好的比例拌合、成型，并于一定条件下硬化而成的人造石材的总称。普通混凝土即由_____、_____、_____和水按适当比例配合，经搅拌、浇筑、成型、硬化后而成的人造石材。

3. 砂的筛分曲线表示砂的_____，细度模数表示砂的_____。

4. 石子的颗粒级配有_____和_____两种，工程中通常采用的是_____。

5. 测定混凝土立方体抗压强度的标准试件尺寸是_____，试件的标准养护温度为_____℃，相对湿度为_____%。

6. 影响混凝土强度的主要因素有_____和_____。

7. 在混凝土拌合物中掺入减水剂后，会产生下列各效果：增加拌合物的_____；提高混凝土_____；节约_____；改善混凝土的_____。

8. 设计混凝土配合比应同时满足_____、_____、_____、_____四项基本要求。

9. 混凝土工程中采用间断级配骨料时，其堆积空隙率较_____，用来配制混凝土时应选用较_____砂率。

10. 混凝土采用合理砂率时，能使混凝土获得所要求的_____及良好的粘聚性和保水性，而且_____用量最省。

11. 混凝土的和易性包括_____、_____和_____。

12. 普通混凝土配合比设计中要确定的三个参数为_____、_____和_____。

13. 普通混凝土用石子的强度可用_____或_____表示。

14. 普通混凝土的强度等级是根据_____确定。

15. 测定混凝土拌合物流动性的方法有_____法或_____法。

三、选择题

1. 已知混凝土的砂石比为0.54，则砂率为（   ）。

A. 0.35   B. 0.30   C. 0.54   D. 1.86

2. 当混凝土拌合物流动性偏小时，应采取（   ）的办法调整。

A. 保持W/C不变的情况下，增加水泥浆量

B. 加适量水

C. 保持砂率不变的情况下，增加砂、石用量

D. 加 $CaCl_2$

3. 坍落度表示塑性混凝土（　　）的指标。

A. 流动性　　　　　B. 黏聚性　　　　　C. 保水性　　　　　D. 含水情况

4. 普通混凝土的抗压强度测定，若采用200mm×200mm×200mm的立方体试件，则试验结果应乘以折算系数（　　）。

A. 0.9　　　　　B. 0.95　　　　　C. 1.0　　　　　D. 1.05

5. 喷射混凝土必须加入的外加剂是（　　）。

A. 早强剂　　　　　B. 减水剂　　　　　C. 引气剂　　　　　D. 速凝剂

6. 夏季混凝土施工时，首先应考虑加入的外加剂是（　　）。

A. 早强剂　　　　　B. 缓凝剂　　　　　C. 引气剂　　　　　D. 速凝剂

7. 针片状骨料含量多，会使混凝土的（　　）。

A. 用水量减少　　　B. 流动性提高　　　C. 强度降低　　　D. 节约水泥

8. 施工所需的混凝土拌合物流动性的大小，主要由（　　）来选取。

A. 水胶比和砂率

B. 水胶比和捣实方式

C. 骨料的性质、最大粒径和级配

D. 构件的截面尺寸大小、钢筋的疏密、捣实方式

9. 配制钢筋混凝土用水，应选用（　　）。

A. 含油脂的水　　　B. 含糖的水　　　C. 饮用水　　　D. 自来水

10. 影响混凝土强度最大的因素是（　　）。

A. 砂率　　　　　B. 水灰比　　　　　C. 骨料的性能　　　D. 施工工艺

11. 轻骨料混凝土与普通混凝土相比，更宜用于（　　）结构中。

A. 有抗震要求的　　B. 高层建筑　　　C. 水工建筑　　　D. A、B两项均选

12. 混凝土抗压强度试验时，试块承压面应为（　　）。

A. 正面　　　　　B. 侧面　　　　　C. 反面　　　　　D. 都可以

13. 混凝土强度等级C20的含义是（　　）。

A. 坍落度为20mm　　　　　　　　　B. 立方体抗压强度为20MPa

C. 抗拉强度为20MPa　　　　　　　　D. 立方体抗压强度标准值为20MPa

14. 试配混凝土时，经计算其砂石总重量为1860kg，选用砂率为32%，其砂用量为（　　）kg。

A. 875.3　　　　　B. 450.9　　　　　C. 595.2　　　　　D. 1264.8

15. 砂的颗粒级配用级配区表示。按（　　）筛孔的累计筛余百分率将砂分为三个级配区。

A. 2.36mm　　　　　B. 1.18mm　　　　　C. 0.6mm　　　　　D. 0.3mm

四、简答题

1. 普通混凝土的主要优缺点有哪些？

2. 什么是石子的最大粒径？怎样确定石子的最大粒径？

3. 影响混凝土拌合物和易性的主要因素是什么？

4. 影响混凝土强度的主要因素有哪些?

5. 配制混凝土时掺入减水剂,可取得什么效果?

6. 什么是混凝土的耐久性?它包括哪些性质?提高混凝土耐久性的措施有哪些?

五、计算题

1. 某工程用砂,用 500g 干砂进行筛分试验,结果见表 4-24。

表 4-24

筛孔尺寸(mm)	4.75	2.36	1.18	0.60	0.30	0.15	底盘
筛余量(g)	25	50	100	125	100	75	25

试判断该砂级配是否合格?属于何种砂?

2. 一组混凝土标准试件,养护 28d 后进行抗压强度试验,测得的破坏荷载 (kN) 为 525、580、600,试计算其抗压强度,并评定其强度等级。

3. 某实验室拌制混凝土,经调整后各材料用量为:矿渣水泥 4.5kg,自来水 2.7kg,河砂 9.9kg,碎石 18.9kg,又测得拌合物的表观密度为 2380kg/m³。

试求:(1) 每立方米混凝土的各材料用量;

(2) 当施工现场砂的含水率为 3.5%,石子的含水率为 1% 时,求施工配合比。

4. 混凝土设计强度等级为 C30,$\sigma=5MPa$,$a_a=0.53$,$a_b=0.20$,水泥强度等级为 42.5,实测强度为 46.8 MPa,用水量为 185kg,砂率为 35%,计算初步配合比。

检测实训

任务 1:检测某建筑工地进场的混凝土用骨料的粗细程度和颗粒级配。

任务 2:检测普通混凝土主要技术性能。根据老师给定的设计强度等级为 C20 普通混凝土的初步配合比,检测该混凝土坍落度,观察其黏聚性和保水性,评定其和易性。再根据和易性达到要求的混凝土配合比检验混凝土的强度。

教学单元5

砂浆

 教学目标

1. 知识目标：
（1）掌握建筑砂浆的基本分类及其性质。
（2）掌握影响砂浆性质的基本因素。

2. 能力目标：
（1）熟悉建筑砂浆性质的测定方法。
（2）具备建筑砂浆性能操作试验的能力。

思维导图

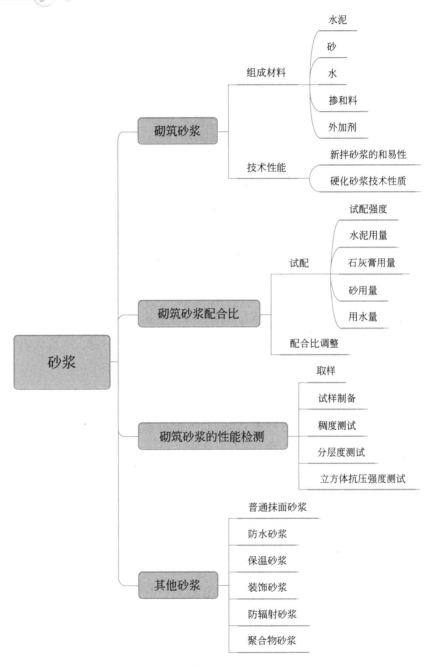

引文

　　建筑砂浆是由胶结料、细骨料、掺加料和水配制而成的建筑工程材料。在建筑工程中起粘结、衬垫和传递应力的作用。建筑砂浆实为无粗骨料的混凝土，在建筑工程中是一项用量大、用途广泛的建筑材料。

5.1 砌筑砂浆

砌筑砂浆

在砌体结构中，将砖、石、砌块等粘结成为砌体的砂浆称为砌筑砂浆。它是砌体的重要组成部分。

5.1.1 砌筑砂浆的组成材料及其技术要求

1. 水泥

普通水泥、矿渣水泥、火山灰质水泥、粉煤灰水泥以及砌筑水泥等都可以用来配制砌筑砂浆。砌筑砂浆用水泥的强度等级，应根据设计要求进行选择。水泥砂浆采用的水泥，其强度等级不宜大于 32.5 级，水泥用量不应小于 200kg/m³；水泥混合砂浆采用的水泥，其强度等级不宜大于 42.5 级，砂浆中水泥和掺加料总量宜为 300～350kg/m³。为合理利用资源、节约材料，在配制砂浆时要尽量选用低强度等级水泥和砌筑水泥。由于水泥混合砂浆中，石灰膏等掺加料会降低砂浆强度。因此，规定水泥混合砂浆可用强度等级为 42.5 级的水泥。对于一些特殊用途的砂浆，如修补裂缝、预制构件嵌缝、结构加固等可采用膨胀水泥。

2. 砂

砌筑砂浆用砂的质量要求应符合《建设用砂》GB/T 14684—2011 的规定。一般砌筑砂浆采用中砂拌制，既能满足和易性要求，又能节约水泥，因此建议优先选用，其中毛石砌体宜选用粗砂。砂的含泥量不应超过 5%，砂中含泥量过大，不但会增加砂浆的水泥用量，还可能使砂浆的收缩值增大、耐水性降低，影响砌筑质量。M5 及以上的水泥混合砂浆，如砂子含泥量过大，对强度影响较明显，因此，低于 M5 以下的水泥混合砂浆的砂子含泥量才允许放宽，但不应超过 10%。

由于一些地区人工砂、山砂及特细砂资源较多，为合理地利用这些资源，以及避免从外地调运而增加工程成本，因此经试验能满足《砌筑砂浆配合比设计规程》JGJ 98—2010 技术指标后，可参照使用。

3. 水

配制砂浆用水应符合现行行业标准《混凝土拌合用水标准》JGJ 63—2006 的规定。

4. 掺合料

掺合料是为改善砂浆和易性而加入的无机材料。例如，石灰膏、电石膏（电石消解后，经过滤后的产物）、粉煤灰、黏土膏等。

为改善砂浆的和易性，减少水泥用量，通常掺入一些廉价的其他胶凝材料（如石灰膏等）制成混合砂浆。生石灰熟化成石灰膏时，应用孔径不大于 3mm×3mm 的网过滤，熟化时间不得少于 7d，磨细生石灰粉的熟化时间不得少于 2d。沉淀池中储存的石灰膏，应采取措施防止干燥、冻结和污染。严禁使用脱水硬化的石灰膏。所用的石灰膏的稠度应控制在 120mm 左右。

为节省水泥、石灰用量，充分利用工业废料，也可将粉煤灰掺入砂浆中。

5. 外加剂

外加剂是在拌制砂浆过程中掺入，用以改善砂浆性能的物质。砌筑砂浆中掺入砂浆外加剂，应具有法定检测机构出具的该产品砌体强度检验报告，并经砂浆性能试验合格后，方可使用。

5.1.2　砌筑砂浆的技术性能

新拌砂浆应具有良好的和易性。硬化后的砂浆应具有所需的强度和对基面的粘结力，而且其变形不能过大。和易性良好的砂浆容易在粗糙的砖石基面上铺抹成均匀的薄层，而且能够与底面紧密粘结，既便于施工操作，提高生产效率，又能保证工程质量。砂浆的和易性包括流动性和保水性两个方面。

1. 新拌砂浆的和易性

（1）流动性

砂浆的流动性也称稠度，是指砂浆在自重或外力作用下流动的性能，可用砂浆稠度仪测定其稠度值（即沉入度，mm）来表示。砌筑砂浆的稠度应按表 5-1 的规定选用。

砌筑砂浆的稠度　　　　表 5-1

砌体种类	砂浆稠度（mm）
烧结普通砖砌体、粉煤灰砖砌体	70～90
烧结多孔砖砌体、烧结空心砖砌体、轻骨料混凝土小型空心砌块砌体、蒸压加气混凝土砌块砌体	60～80
混凝土砖砌体、普通混凝土小型空心砌块砌体、灰砂砖砌体	50～70
石砌体	30～50

（2）保水性

新拌砂浆能够保持其内部水分不泌出流失的能力，称为保水性。保水性良好的砂浆，才能形成均匀密实的砂浆胶结层，从而保证砌体具有良好的质量。

砂浆的保水性用分层度仪测定，以分层度（mm）表示。砂浆的分层度一般以 10～20mm 为宜，但不得大于 30mm。分层度过大，表示砂浆易产生分层离析，不利于施工及水泥硬化。分层度值接近于零的砂浆，容易产生干缩裂缝。

2. 硬化砂浆的技术性质

（1）砂浆的强度等级及密度

砂浆的强度等级是以 70.7mm×70.7mm×70.7mm 的立方体，按标准条件下养护至 28d 的抗压强度的平均值。砂浆的强度等级共分 M5、M7.5、M10、M15、M20、M25、M30 共七个等级。水泥混合砂浆的强度等级可分为 M5、M7.5、M10、M15。

水泥砂浆拌合物的密度不宜小于 1900kg/m³；水泥混合砂浆拌合物的密度不宜小于 1800kg/m³。

（2）砂浆的粘结力

砖石砌体是靠砂浆把块状的砖石材料粘结成为坚固的整体。因此，为保证砌体的强度、耐久性及抗震性等，要求砂浆与基层材料之间应有足够的粘结力。一般情况下，砂浆的抗压强度越高，它与基层的粘结力也越大。此外，砖石表面状态、清洁程度、湿润状况，以及施工养护条件等都直接影响砂浆的粘结力。粗糙的、洁净的、湿润的表面与良好养护的砂浆，其粘结力好。

（3）砂浆的变形

砂浆在承受荷载、温度变化或湿度变化时，均会产生变形，如果变形过大或不均匀，都会引起沉陷或裂缝，降低砌体质量。掺太多轻骨料或掺加料配制的砂浆，其收缩变形比普通砂浆大。

砌筑砂浆稠度、分层度、试配抗压强度必须同时符合要求。

5.2　砌筑砂浆配合比的确定与要求

砌筑砂浆要根据工程类别及砌体部位的设计要求，选择其强度等级，再按砂浆强度等级来确定其配合比。

确定砂浆配合比，一般情况可查阅有关手册或资料来选择。重要工程用砂浆或无参考资料时，可根据《砌筑砂浆配合比设计规程》JGJ/T 98—2010确定。

5.2.1　现场配制砌筑砂浆的试配要求

1. 现场配合比的计算步骤

（1）计算砂浆试配强度（$f_{m,0}$）；

（2）计算每立方米砂浆中的水泥用量（Q_C）；

（3）计算每立方米砂浆中石灰膏用量（Q_D）；

（4）确定每立方米砂浆中的砂用量（Q_S）。

2. 确定砂浆的试配强度（$f_{m,0}$）

砂浆的试配强度应按下式计算：

$$f_{m,0} = kf_2 \tag{5-1}$$

式中　$f_{m,0}$——砂浆的试配强度，精确至0.1MPa；

　　　f_2——砂浆抗压强度平均值，精确至0.1MPa；

　　　k——系数，按表5-2取值。

砂浆强度标准差 σ 及 k 值　　　　表5-2

强度等级 施工水平	强度标准差 σ							k
	M5.0	M7.5	M10	M15	M20	M25	M30	
优良	1.00	1.50	2.00	3.00	4.00	5.00	6.00	1.15

续表

强度等级 施工水平	强度标准差 σ							k
	M5.0	M7.5	M10	M15	M20	M25	M30	
一般	1.25	1.88	2.50	3.75	5.00	6.25	7.50	1.20
较差	1.50	2.55	3.00	4.50	6.00	7.50	9.00	1.25

3. 砂浆强度标准差的确定应符合下列规定：

（1）当有统计资料时，砂浆强度标准差应按下式计算：

$$\sigma = \sqrt{\frac{\sum\limits_{i=1}^{n} f_{m,i}^2 - n\mu_{fm}^2}{n-1}} \tag{5-2}$$

式中　$f_{m,i}$——统计周期内同一品种砂浆第 i 组试件的强度，MPa；

　　　μ_{fm}——统计周期内同一品种砂浆 n 组试件强度的平均值，MPa；

　　　n——统计周期内同一品种砂浆试件的总组数，$n \geqslant 25$。

（2）当无统计资料时，砂浆现场强度标准差 σ 可按表 5-2 取用。

4. 水泥用量计算

（1）每立方米砂浆中的水泥用量，应按下式计算：

$$Q_C = \frac{1000(f_{m,0} - \beta)}{\alpha \cdot f_{ce}} \tag{5-3}$$

式中　Q_C——每立方米砂浆的水泥用量，kg，精确至 1kg；

　　　$f_{m,0}$——砂浆的试配强度，精确至 0.1MPa；

　　　f_{ce}——水泥的实测强度，精确至 0.1MPa；

　　　α、β——砂浆的特征系数，其中 $\alpha = 3.03$，$\beta = -15.09$。

（2）在无法取得水泥的实测强度值时，可按下式计算 f_{ce}：

$$f_{ce} = \gamma_c \cdot f_{ce,k} \tag{5-4}$$

式中　$f_{ce,k}$——水泥强度等级对应的强度值；

　　　γ_c——水泥强度等级值的富余系数，该值应按实际统计资料确定；无统计资料时
　　　　　γ_c 可取 1.0。

5. 石灰膏用量计算

石灰膏用量应按下式计算：

$$Q_D = Q_A - Q_C \tag{5-5}$$

式中　Q_D——每立方米砂浆的石灰膏用量，kg，精确至 1kg；石灰膏使用时的稠度宜为
　　　　　120mm±5mm；

　　　Q_C——每立方米砂浆的水泥用量，kg，精确至 1kg；

　　　Q_A——每立方米砂浆中水泥和石灰膏的总量，精确至 1kg，可为 350kg。

砌筑砂浆中的水泥和石灰膏、电石膏等材料的用量可按表 5-3 选用。

砌筑砂浆的材料用量（kg/m³）   表 5-3

砂浆种类	材料用量
水泥砂浆	≥200
水泥混合砂浆	≥350
预拌砌筑砂浆	≥200

水泥砂浆中的材料用量是指水泥用量。水泥混合砂浆中的材料用量是指水泥和石灰膏、电石膏的材料总量。预拌砌筑砂浆中的材料用量是指胶凝材料用量，包括水泥和替代水泥的粉煤灰等活性矿物掺合料。

6. 砂用量计算

每立方米砂浆中的砂子用量，取干燥状态（含水率小于0.5%）的堆积密度值作为计算。

7. 用水量计算

每立方米砂浆中的用水量，根据砂浆稠度等要求可选用210～310kg。

混合砂浆中的用水量，不包括石灰膏中的水。当采用细砂或粗砂时，用水量分别取上限或下限。稠度小于70mm时，用水量可小于下限。施工现场气候炎热或干燥季节，可酌量增加用水量。

5.2.2 现场配制水泥砂浆的试配

1. 水泥砂浆材料用量可按表 5-4 选用

M15 及 M15 以下强度等级水泥砂浆，水泥强度等级为 32.5 级。MI5 以上，强度等级水泥砂浆，水泥强度等级为 42.5 级。当采用细砂或粗砂时，用水量分别取上限或下限。稠度小于 70mm 时，用水量可小于下限。施工现场气候炎热或干燥季节，可酌量增加用水量。试配强度应按式（5-1）计算。

每立方米水泥砂浆材料用量（kg/m³）   表 5-4

强度等级	每立方米砂浆水泥用量 （kg/m³）	每立方米砂子用量 （kg/m³）	每立方米砂浆用水量 （kg/m³）
M5	200～230		
M7.5	230～260		
M10	260～290		
M15	290～330	砂子的堆积密度值	270～330
M20	340～400		
M25	360～410		
M30	430～480		

2. 水泥粉煤灰砂浆材料用量可按表 5-5 选用

每立方米水泥粉煤灰砂浆材料用量（kg/m³）　　　表 5-5

强度等级	水泥和粉煤灰总量	粉煤灰	砂	用水量
M5	210~240	粉煤灰掺量可占胶凝材料总量的 15%~25%	砂的堆积密度值	270~330
M7.5	240~270			
M10	270~300			
M15	300~330			

表中水泥强度等级为 32.5 级；当采用细砂或粗砂时，用水量分别取上限或下限。稠度小于 70mm 时，用水量可小于下限；施工现场气候炎热或干燥季节，可酌量增加用水量。试配强度应按式（5-1）计算。

5.2.3　砌筑砂浆配合比试配、调整与确定

1. 按计算或查表所得配合比进行试拌时，应测定砌筑砂浆拌合物的稠度和保水率。当稠度和保水率不能满足要求时，应调整材料用量，直到符合要求为止，然后确定为试配时的砂浆基准配合比。

2. 试配时至少应采用三个不同的配合比，其中一个配合比应为按本规程得出的基准配合比，其余两个配合比的水泥用量应按基准配合比分别增加及减少 10%。在保证稠度、保水率合格的条件下，可将用水量、石灰膏、保水增稠材料或粉煤灰等活性掺合料用量作相应调整。

3. 砌筑砂浆试配时稠度应满足施工要求，应分别测定不同配合比砂浆的表观密度及强度，然后选定符合试配强度及和易性要求、水泥用量最低的配合比作为砂浆的试配配合比。

4. 砌筑砂浆试配配合比校正：

（1）根据确定的砂浆配合比材料用量，按下式计算砂浆的理论表观密度值：

$$\rho_t = Q_C + Q_D + Q_S + Q_W \tag{5-6}$$

式中　ρ_t——砂浆的理论表观密度值，kg/m³。

（2）按下式计算砂浆配合比校正系数 δ：

$$\delta = \rho_c/\rho_t \tag{5-7}$$

式中　ρ_c——砂浆的实测表观密度值，kg/m³。

（3）当砂浆的实测表观密度值与理论表观密度值之差的绝对值不超过理论值的 2% 时，得出的试配配合比确定为砂浆设计配合比；当超过 2% 时，应将试配配合比中每项材料用量均乘以校正系数（δ）后，确定为砂浆设计配合比。

【例 5-1】某工程采用烧结空心砖墙砌筑，需配制 M7.5，稠度为 60~80mm 的砌筑砂浆，采用强度等级为 32.5 的普通水泥，实测强度 36.0MPa，石灰膏的稠度为 120mm，含水率为 1% 的砂的堆积密度为 1450kg/m³，施工水平优良。试确定该砂浆的配合比。

解：

(1) 确定砂浆的试配强度 $f_{m,0}$。查表 5-2 得 $k=1.15$，则

$$f_{m,0}=kf_2=1.15\times7.5=8.6MPa$$

(2) 计算水泥用量 Q_C

由 $a=3.03$，$\beta=-15.09$ 得

$$Q_C=\frac{1000(f_{m,0}-\beta)}{\alpha f_{ce}}=\frac{1000\times(8.6+15.09)}{3.30\times36.0}=217kg$$

(3) 计算石灰膏用量 Q_D

取 $Q_A=350kg$，则

$$Q_D=Q_A-Q_C=350-217=133kg$$

(4) 确定砂子用量 Q_S

$$Q_S=1450kg\times（1+1\%）=1465kg$$

(5) 确定用水量 Q_W

可选取 300kg，扣除砂中所含的水量，拌合用水量为

$$Q_W=300-1450\times1\%=286kg$$

(6) 和易性测定

按照上述计算所得材料拌制砂浆，进行和易性测定。测定结果为：稠度 70～90mm，保水率>80%；符合要求。得基准配合比为：

$$Q_C:Q_D:Q_S:Q_W=217:133:1465:286$$

(7) 强度测定

取三个不同的配合比分别配制砂浆，其中一个配合比为基准配合比，另外两个配合比的水泥用量分别为 $217\times（1+10\%）=239$ 和 $217\times（1-10\%）=195kg$。测得第三个配合比（水泥用量=195kg）的砂浆保水性不符合要求，直接取消该配合比。另外，基准配合比的强度值达不到试配强度的要求，取消该配合比。得试配配合比为：

$$Q_C:Q_D:Q_S:Q_W=239:133:1465:286$$

(8) 表观密度测定

符合试配强度及和易性要求的砂浆的理论表观密度为：

$$\rho_A=Q_C+Q_D+Q_S+Q_W=239+133+1465+286=2123kg/m^3$$

实测表观密度 $\rho_c=2250kg/m^3$

比较：

$$\frac{2250-2123}{2123}\times100\%=6\%>2\%$$

计算砂浆配合比校正系数 δ：

$$\delta=\rho_c/\rho_t=\frac{2250}{2123}=1.06$$

经强度检测后并经校正的砂浆设计配合比为：

$$Q_C=239\times1.06=253kg;\quad Q_D=133\times1.06=141kg$$

$$Q_S=1465\times1.06=1553kg;\quad Q_W=286\times1.06=303kg$$

5.3 建筑砂浆的性能检测

5.3.1 取样

1. 建筑砂浆试验用料应从同一盘砂浆或同一车砂浆中取样。取样量不应少于试验所需量的 4 倍。

2. 当施工过程中进行砂浆试验时，砂浆取样方法应按相应的施工验收规范执行，并宜在现场搅拌点或预拌砂浆卸料点的至少 3 个不同部位及时取样。对于现场取得的试样，试验前应人工搅拌均匀。

3. 从取样完毕到开始进行各项性能试验，不宜超过 15min。

防水砂浆、装饰砂浆和特种砂浆

5.3.2 试样的制备

1. 在试验室制备砂浆试样时，所用材料应提前 24h 运入室内。拌合时，试验室的温度应保持在（20±5）℃。当需要模拟施工条件下所用的砂浆时，所用原材料的温度宜与施工现场保持一致。

2. 试验所用原材料应与现场使用材料一致。砂应通过 4.75mm 筛。

3. 试验室拌制砂浆时，材料用量应以质量计。水泥、外加剂、掺合料等的称量精度应为±0.5%，细骨料的称量精度应为±1%。

4. 在试验室搅拌砂浆时应采用机械搅拌，搅拌的用量宜为搅拌机容量的 30%～70%，搅拌时间不应少于 120s。掺有掺合料和外加剂的砂浆，其搅拌时间不应少于 180s。

5.3.3 稠度试验

1. 目的
确定建筑砂浆配合比或施工过程中的稠度，控制砂浆用水量。

2. 主要仪器设备
砂浆稠度仪（图 5-1）、钢制捣棒、秒表等。

3. 试验步骤
（1）应先采用少量润滑油轻擦滑杆，再将滑杆上多余的油用吸油纸擦净，使滑杆能自由滑动。

（2）应先采用湿布擦净盛浆容器和试锥表面，再将砂浆拌合物一次装入容器；砂浆表面宜低于容器口 10mm，用捣棒自容器中心向边缘均匀地插捣 25 次，然后轻轻地将容器摇动或敲击

图 5-1 砂浆稠度仪

5～6 下，使砂浆表面平整，随后将容器置于稠度测定仪的底座上。

（3）拧开制动螺栓，向下移动滑杆，当试锥尖端与砂浆表面刚接触时，应拧紧制动螺栓，使齿条测杆下端刚好接触滑杆上端，并将指针对准零点上。

（4）拧开制动螺栓，同时计时间，10s 时立即拧紧螺栓，将齿条测杆下端接触滑杆上端，从刻度盘上读出下沉深度（精确至 1mm），即为砂浆的稠度值。

（5）盛浆容器内的砂浆，只允许测定一次稠度，重复测定时，应重新取样测定。

4. 稠度试验结果评定

（1）同盘砂浆应取两次试验结果的算术平均值作为测定值，并应精确至 1mm。

（2）当两次试验值之差大于 10mm 时，应重新取样测定。

5.3.4 砂浆分层度检测

1. 目的

测定砂浆分层度，以确定在运输及停放时砂浆拌合物的保水性。

2. 仪器设备

砂浆分层度筒（图 5-2），振动台、砂浆稠度仪、木槌等。

3. 检测步骤

（1）先按照规定方法测定砂浆拌合物的稠度。

（2）将砂浆拌合物一次装入分层度筒内，待装满后，用木槌在分层度筒周围距离大致相等的四个不同部位轻轻敲击 1～2 下；当砂浆沉落到低于筒口时，应随时添加，然后刮去多余的砂浆并用抹刀抹平。

（3）静置 30min 后，去掉上节 200mm 砂浆，然后将剩余的 100mm 砂浆倒在拌合锅内拌 2min，再按照稠度试验方法测其稠度。前后测得的稠度之差即为该砂浆的分层度值。

图 5-2　砂浆分层度筒

4. 结果评定

（1）应取两次试验结果的算术平均值作为该砂浆的分层度值，精确至 1mm。

（2）当两次分层度试验值之差大于 10mm 时，应重新取样测定。

5.3.5 砂浆立方体抗压强度检测

1. 目的

测定砂浆的立方体抗压强度，评定砂浆强度等级。

2. 仪器设备

试模、钢制捣棒、压力试验机、垫板、振动台等。

3. 试件制作及养护的步骤

（1）应采用立方体试件，每组试件应为 3 个。

（2）应采用黄油等密封材料涂抹试模的外接缝，试模内应涂刷薄层机油或隔离剂。应将拌制好的砂浆一次性装满砂浆试模，成型方法应根据稠度而确定。当稠度大于 50mm

时，宜采用人工插捣成型，当稠度不大于 50mm 时，宜采用振动台振实成型。

采用人工插捣时，应采用捣棒均匀地由边缘向中心按螺旋方式插捣 25 次，插捣过程中当砂浆沉落低于试模口时，应随时添加砂浆，可用油灰刀插捣数次，并用于将试模一边抬高 5～10mm 各振动 5 次，砂浆应高出试模顶面 6～8mm。

采用机械振动时，将砂浆一次装满试模，放置到振动台上，振动时试模不得跳动，振动 5～10s 或持续到表面泛浆为止，不得过振。

（3）应待表面水分稍干后，再将高出试模部分的砂浆沿试模顶面刮去并抹平；

（4）试件制作后应在温度为（20±5）℃的环境下静置（24±2）h，对试件进行编号、拆模。

当气温较低时，或者凝结时间大于 24h 的砂浆，可适当延长时间，但不应超过 2d。试件拆模后应立即放入温度为（20±2）℃，相对湿度为 90% 以上的标准养护室中养护。养护期间，试件彼此间隔不得小于 10mm，混合砂浆、湿拌砂浆试件上面应覆盖，防止有水滴在试件上。

（5）从搅拌加水开始计时，标准养护龄期应为 28d，也可根据相关标准要求增加 7d 或 14d。

4. 试件抗压强度试验步骤

（1）试件从养护地点取出后应及时进行试验。试验前应将试件表面擦拭干净，测量尺寸，并检查其外观，并应计算试件的承压面积。当实测尺寸与公称尺寸之差不超过 1mm 时，可按照公称尺寸进行计算。

（2）将试件安放在试验机的下压板或下垫板上，试件的承压面应与成型时的顶面垂直，试件中心应与试验机下压板或下垫板中心对准。开动试验机，当上压板与试件或上垫板接近时，调整球座，使接触面均衡受压。承压试验应连续而均匀地加荷，加荷速度应为 0.25～1.5kN/s；砂浆强度不大于 5MPa 时，宜取下限。当试件接近破坏而开始迅速变形时，停止调整试验机油门，直至试件破坏，然后记录破坏荷载。

5. 立方体抗压强度试验结果的确定

砂浆立方体抗压强度的计算

$$f_{m,cu} = K \frac{N_u}{A} \tag{5-8}$$

式中　$f_{m,cu}$——砂浆立方体试件抗压强度（MPa），应精确至 0.1MPa；

　　　N_u——试件破坏荷载，N；

　　　A——试件承压面积，mm^2；

　　　K——换算系数，取 1.35。

（1）应以三个试件测值的算术平均值作为该组试件的砂浆立方体抗压强度平均值（f_2），精确至 0.1MPa。

（2）当三个测值的最大值或最小值中有一个与中间值的差值超过中间值的 15% 时，应把最大值及最小值一并舍去，取中间值作为该组试件的抗压强度值。

（3）当两个测值与中间值的差值均超过中间值的 15% 时，该组试验结果应为无效。

5.4 其他砂浆

5.4.1 普通抹面砂浆

凡涂抹在建筑物或建筑构件表面的砂浆，统称为抹面砂浆（也称抹灰砂浆）。

对抹面砂浆，要求具有良好的和易性，容易抹成均匀平整的薄层，便于施工；有较好的粘结力，能与基层粘结牢固，长期使用不会开裂或脱落。

抹面砂浆的组成材料与砌筑砂浆基本相同。但为了防止砂浆层开裂，有时需要加入一些纤维材料（如纸筋、麻刀等），有时为了使其具有某些功能而需加入特殊骨料或掺合料。

普通抹面砂浆是建筑工程中普遍使用的砂浆。它可以保护建筑物不受风、雨、雪、大气等有害介质的侵蚀，提高建筑物的耐久性，同时使表面平整美观。

抹面砂浆通常分为两层或三层进行施工，各层抹灰要求不同，所以各层选用的砂浆也有区别。底层抹灰的作用，是使砂浆与底面能牢固地粘结，因此要求砂浆具有良好的和易性和粘结力，基层面也要求粗糙，以提高与砂浆的粘结力。中层抹灰主要是为了抹平，有时可省去。面层抹灰要求平整光洁，达到规定的饰面要求。

底层及中层多用水泥混合砂浆。面层多用水泥混合砂浆或掺麻刀、纸筋的石灰砂浆。在潮湿房间或地下建筑及容易碰撞的部位，应采用水泥砂浆。普通抹面砂浆的流动性及骨料最大粒径参见表5-6，常用抹面砂浆配合比及应用范围可参见表5-7。

抹面砂浆流动性及骨料最大粒径 表5-6

抹面层	沉入度（人工抹面）(mm)	砂的最大粒径(mm)
底层	100～120	2.5
中层	70～90	2.5
面层	70～80	1.2

常用抹面砂浆配合比及应用范围 表5-7

材料	配合比（体积比）	应用范围
石灰：砂	(1:2)～(1:4)	用于砖石墙表面（檐口、勒脚、女儿墙及潮湿房间的墙除外）
石灰：黏土：砂	(1:1:4)～(1:1:8)	干燥环境墙表面
石灰：石膏：砂	(1:0.4:2)～(1:1:3)	用于不潮湿房间的墙及顶棚
石灰：石膏：砂	(1:2:2)～(1:2:4)	用于不潮湿房间的线脚及其他装饰工程

材料	配合比（体积比）	应用范围
石灰∶水泥∶砂	（1∶0.5∶4.5）～（1∶1∶5）	用于檐口、勒脚、女儿墙，以及比较潮湿的部位
水泥∶砂	（1∶3）～（1∶2.5）	用于浴室、潮湿车间等墙裙、勒脚或地面基层
水泥∶砂	（1∶2）～（1∶1.5）	用于地面、顶棚或墙面面层
水泥∶砂	（1∶0.5）～（1∶1）	用于混凝土地面随时压光
石灰∶石膏∶砂∶锯末	1∶1∶3∶5	用于吸声粉刷
水泥∶白石子	（1∶2）～（1∶1）	用于水磨石（打底用 1∶2.5 水泥砂浆）
水泥∶白石子	1∶1.5	用于斩假石［打底用（1∶2）～（1∶2.5）水泥砂浆］
白灰∶麻刀	100∶2.5（质量比）	用于板条顶棚底层
石灰膏∶麻刀	100∶1.3（质量比）	用于板条顶棚面层（或 100kg 石灰膏加 3.8kg 纸筋）
纸筋∶白灰浆	灰膏 0.1m³；纸筋 0.36kg	较高级墙板、顶棚

5.4.2　防水砂浆

　　防水砂浆是一种制作防水层用的抗渗性高的砂浆。砂浆防水层又称刚性防水层，适用于不受振动和具有一定刚度的混凝土或砖石砌体工程中，如水塔、水池、地下工程等的防水。

　　防水砂浆可用普通水泥砂浆制作，也可以在水泥砂浆中掺入防水剂制得。水泥砂浆宜选用强度等级为 32.5 以上的普通硅酸盐水泥和级配良好的中砂。砂浆配合比中，水泥与砂的质量比不宜大于 1∶2.5，水灰比宜控制在 0.4～0.5，稠度不应大于 80mm。

　　在水泥砂浆中掺入防水剂，可促使砂浆结构密实，堵塞毛细孔，提高砂浆的抗渗能力，这是目前最常用的方法。常用的防水剂有氯化物金属盐类防水剂、金属皂类防水剂和水玻璃防水剂。

　　防水砂浆应分 4～5 层分层涂抹在基面上，每层涂抹厚度约 5mm，总厚度 20～30mm。每层在初凝前压实一遍，最后一遍要压光，并精心养护，以减少砂浆层内部连通的毛细孔通道，提高密实度和抗渗性。防水砂浆还可以用膨胀水泥或无收缩水泥来配制。

5.4.3　保温砂浆

　　保温砂浆是指由阻隔型保温材料和砂浆材料混合而成的，用于构筑建筑表面保温层的一种建筑材料。具有节能利废、保温隔热、防火防冻、耐老化的优异性能以及低廉的价格等特点，有着广泛的市场需求。

5.4.4 装饰砂浆

涂抹在建筑物内外墙表面，能具有美观装饰效果的抹面砂浆，统称为装饰砂浆。装饰砂浆的底层和中层与普通抹面砂浆基本相同。而装饰的面层，要选用具有一定颜色的胶凝材料和骨料以及采用某些特殊的操作工艺，使表面呈现出不同的色彩、线条与花纹等装饰效果。

装饰砂浆所采用的胶凝材料有普通水泥、白水泥和彩色水泥，以及石灰、石膏等。骨料常采用大理石、花岗岩等带颜色的碎石渣或玻璃、陶瓷碎粒。也可选用白色或彩色天然砂、特制的塑料色粒等。

几种常用装饰砂浆的工艺做法有：

（1）拉毛

在水泥砂浆或水泥混合砂浆抹灰中层上，抹上水泥混合砂浆、纸筋石灰或水泥石灰浆等，并利用拉毛工具将砂浆拉出波纹和斑点的毛头，做成装饰面层。一般适用于有声学要求的礼堂、剧院等室内墙面，也常用于外墙面、阳台栏板或围墙等外饰面。

（2）水刷石

水刷石是用颗粒细小（约5mm）的石渣所拌成的砂浆作面层，待表面稍凝固后立即喷水冲刷表面水泥浆，使其半露出石渣。水刷石多用于建筑物的外墙装饰，具有天然石材的质感，经久耐用。

（3）干粘石

干粘石是将彩色石粒直接粘在砂浆层上。这种做法与水刷石相比，既节约水泥、石粒等原材料，又能减少湿作业和提高工效。

（4）斩假石

斩假石又称剁斧石，是在水泥砂浆基层上涂抹水泥石粒浆，待硬化后，用剁斧、齿斧及各种凿子等工具剁出有规律的石纹，使其形成天然花岗石粗犷的效果。主要用于室外柱面、勒脚、栏杆、踏步等处的装饰。

（5）弹涂

弹涂是在墙体表面刷一道聚合物水泥浆后，用弹涂器分几遍将不同色彩的聚合物水泥砂浆弹在已涂刷的基层上，形成3～5mm的扁圆形花点，再喷罩甲基硅树脂。适用于建筑物内外墙面，也可用于顶棚饰面。

（6）喷涂

喷涂多用于外墙面，它是用挤压式砂浆泵或喷斗，将聚合物水泥砂浆喷涂在墙面基层或底灰上，形成饰面层，最后在表面再喷一层甲基硅醇钠或甲基硅树脂疏水剂，以提高饰面层的耐久性和减少墙面污染。

5.4.5 防辐射砂浆

防辐射水泥砂浆又称防射线水泥砂浆、原子能防护砂浆、屏蔽砂浆、核反应堆砂浆或重混砂浆。由通用硅酸盐水泥及多种特种水泥、高密度粗骨料（2500～7000kg/m³）、细硅砂及特种外加剂组成。适用于需要避免 α 射线、β 射线、γ 射线、X 射线、中子射线及质子流的场地、场所。

产品具有抗穿透性辐射能力强,与基础墙体结合性好,密度高、匀质性、结构强度高,热率高、热膨胀系数低,干燥收缩小和耐火等特点。

适用于实验室、X 射线探伤室、X 射线治疗室同位素实验室的墙体、房顶;加速器或核反应堆等库房的墙体、房顶。

5.4.6　聚合物砂浆

聚合物砂浆是一种聚合物水泥类增强抹面砂浆,它是以水泥、石英砂、聚合物乳液配以多种添加剂组成的双组分聚合物砂浆。有非常优良的柔韧性及黏结性能,抗冲击、耐老化,防水性能好,施工方便,无毒、无味、不燃,属于绿色环保产品。

思考及练习题

一、填空题

1. _____是将砖、石、砌块粘结成为砌体的砂浆。

2. 建筑砂浆常用的胶凝材料有_____、石灰、_____等无机胶凝材料。

3. 石灰膏作为掺加料,在砌筑砂浆中主要起塑化作用,可以改善砂浆的_____。

4. 新拌砂浆的和易性可由_____和保水性两个方面作综合评定。

5. 建筑砂浆在建筑工程中起_____、_____和传递应力的作用。

二、选择题(有一个或多个答案)

1. 在潮湿环境或水中使用的砂浆,必须选用(　　)作为胶凝材料。

A. 水泥　　　　　　B. 石灰　　　　　　C. 石膏　　　　　　D. 水玻璃

2. 砂浆的粘结程度与(　　)等因素有关。

A. 砂浆的强度　　　　　　　　　　B. 砖石的洁净程度

C. 砖石的湿润情况　　　　　　　　D. 养护情况

E. 砂浆抗冻性

3. 用于砌筑砖砌体的砂浆强度主要取决于(　　)。

A. 水泥用量　　　　　　　　　　　B. 砂子用量

C. 水灰比　　　　　　　　　　　　D. 水泥强度等级

4. 砌筑砂浆的流动性指标用(　　)表示。

A. 坍落度　　　　B. 维勃稠度　　　　C. 沉入度　　　　D. 分层度

5. 砌筑砂浆的保水性指标用(　　)表示。

A. 坍落度　　　　B. 维勃稠度　　　　C. 沉入度　　　　D. 分层度

三、简答题

1. 什么是建筑砂浆?其主要组成材料有哪些?

答案

2. 新拌砂浆的和易性包括哪些含义？分别用什么指标表示？

3. 影响砌筑砂浆抗压强度的主要因素有哪些？

4. 砌筑砂浆配合比设计应满足哪些要求？

5. 抹面砂浆有哪些特点？

检测实训

任务：测定施工现场取来的砂浆样品的稠度、保水性和抗压强度。

教学单元 6

Chapter 06

墙体材料

1. 知识目标:

(1) 熟悉墙体材料的种类、规格及适用范围。

(2) 掌握墙体材料的技术标准及重要技术指标检测。

(3) 熟悉墙体材料各实验仪器的操作方法。

2. 能力目标:

(1) 能根据工程实际合理选择砌墙砖、墙用砌块和墙用板材。

(2) 掌握常用墙体材料检测项目的内容和过程,能进行砌块主要物理、力学性能的检测及对各技术性能指标评定。

思维导图

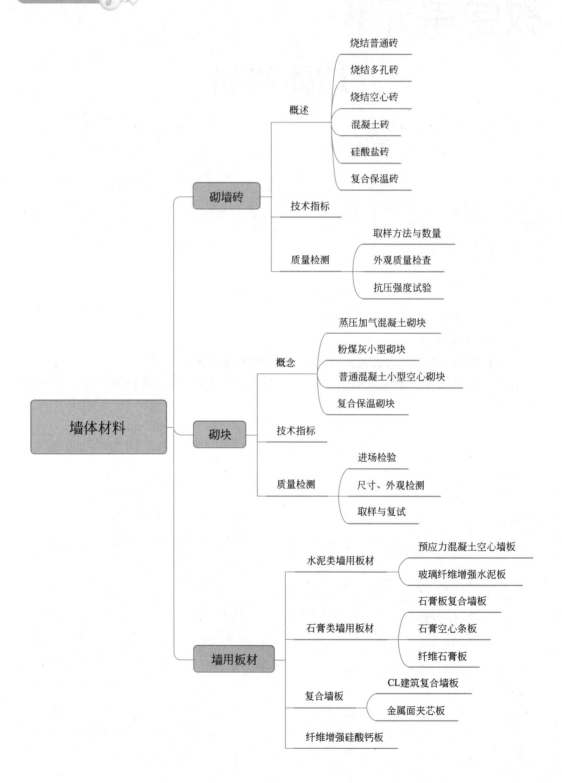

墙体材料是构成建筑物墙体的制品单元，主要有砖、砌块、墙用板材等。本单元主要介绍墙体材料的种类、规格、技术指标及进场取样复试检测等内容。墙体在整个建筑中起承重、围护、隔断、保温、隔声和装饰等功能，与建筑的自重、成本、工期及建筑能耗等均有直接的关系，合理选择墙体材料对建筑物的安全、使用功能及工程造价具有重要意义。

6.1　砌墙砖

6.1.1　砌墙砖概述

　　凡是由黏土、工业废料或其他地方资源为主要原料，以不同的工艺制成的在建筑物中用于承重墙和非承重墙的砖统称为砌墙砖。根据《墙体材料术语》GB/T 18968—2019，砌墙砖主要有烧结普通砖、烧结多孔砖、烧结空心砖、混凝土砖、硅酸盐砖、复合保温砖六类。

墙体材料的分类

1. 烧结普通砖

　　烧结普通砖以黏土、页岩、煤矸石、粉煤灰、污泥等为主要原料，经成型、干燥和焙烧而制成，无孔洞或孔洞率小于 25% 的普通砖，主要有烧结黏土普通砖、烧结页岩普通砖、烧结煤矸石普通砖、烧结粉煤灰普通砖、烧结装饰砖，如图 6-1 所示，其中烧结黏土实心砖由于国家"禁实"政策，在大中城市应用较少。

烧结多孔砖

图 6-1　烧结普通砖

2. 烧结多孔砖

　　烧结多孔砖以黏土、页岩、煤矸石、粉煤灰等为主要原料，经成型、干燥和焙烧而制成，孔洞率大于或等于 28%，主要用于承重部位的多孔砖，主要有烧结黏土多孔砖、烧结页岩多孔砖、烧结煤矸石多孔砖、烧结粉煤灰多孔砖，如图 6-2 所示。

3. 烧结空心砖

烧结空心砖以黏土、页岩、煤矸石等为主要原料，经成型、干燥和焙烧而制成，孔洞率大于或等于 40%，主要用于非承重部位的空心砖，主要有烧结黏土空心砖、烧结页岩空心砖、烧结煤矸石空心砖，如图 6-3 所示。

图 6-2　烧结多孔砖

图 6-3　烧结空心砖

4. 混凝土砖

混凝土砖以水泥、骨料为主要原料，可掺入外加剂及其他材料，经配料、搅拌、成型、养护制成的实心、多孔或空心砖，主要包括混凝土实心砖、承重混凝土多孔砖、非承重混凝土空心砖、装饰混凝土砖，如图 6-4 所示。

图 6-4　混凝土砖

5. 硅酸盐砖

硅酸盐砖以硅质材料和钙质材料为主要原料，掺加适量集料和石膏，经坯料制备、压制成型、蒸压养护等工艺制成的实心砖或空心砖，主要有硅酸盐砖、蒸养粉煤灰砖、蒸压灰砂砖等，如图 6-5 所示。

6. 复合保温砖

复合保温砖由烧结或非烧结的多孔（空心）砖为受力块体，与绝热材料复合，形成具有明显保温隔热功能的砖。主要有夹芯复合保温砖、填充型复合保温砖、贴面型复合保温砖，如图 6-6 所示。

图 6-5 硅酸盐砖

图 6-6 复合保温砖

6.1.2 砖的技术指标

国家标准《烧结普通砖》GB 5101—2017 对烧结普通砖的形状尺寸、强度等级、抗风化性能、泛霜、石灰爆裂等技术性能作了具体规定。下面以常见的烧结普通砖为例介绍砖的技术指标。

1. 规格

烧结普通砖的外形为直角六面体，公称尺寸为：240mm×115mm×53mm。尺寸偏差应符合表 6-1 规定。

尺寸偏差（mm）   表 6-1

公称尺寸	指标	
	样本平均偏差	样本极差≤
240	±2.0	6.0
115	±1.5	5.0
53	±1.5	4.0

注：样本平均偏差是 20 块试样同一个方向 40 个测量尺寸的算术平均值减去其公称尺寸的差值，样本极差是抽检的 20 块试样中同一方向 40 个测量尺寸中最大测量值与最小测量值之差值。

2. 产品类别

按主要原料分为黏土砖（N）、页岩砖（Y）、煤矸石砖（F）、建筑渣土砖（Z）、淤泥砖（U）、污泥砖（W）、固体废弃物砖（G）。

3. 强度

烧结普通砖按抗压强度分为五个等级：MU30、MU25、MU20、MU15、MU10。各等级应满足的强度指标见表 6-2。

烧结普通砖的强度等级   表 6-2

强度等级	抗压强度平均值 $\bar{f}$(MPa)≥	强度标准值 f_k(MPa)≥
MU30	30.0	22.0
MU25	25.0	18.0

强度等级	抗压强度平均值 $\overline{f}$（MPa）≥	强度标准值 f_k（MPa）≥
MU20	20.0	14.0
MU15	15.0	10.0
MU10	10.0	6.5

4. 泛霜

泛霜也称起霜，是砖在使用过程中的盐析现象。砖内过量的可溶盐受潮吸水而溶解，随水分蒸发呈晶体析出时，产生膨胀，使砖面剥落。标准规定：每块砖不允许出现严重泛霜。

5. 石灰爆裂

石灰爆裂是指砖坯中夹杂有石灰石，砖吸水后，由于石灰逐渐熟化而膨胀产生的爆裂现象。这种现象影响砖的质量，并降低砌体强度。

《烧结普通砖标准》GB/T 5101—2017 规定：

（1）破坏尺寸大于 2mm 且小于或等于 15mm 的爆裂区域，每组砖不得多于 15 处，其中大于 10mm 的不得多于 7 处。

（2）不允许出现最大破坏尺寸大于 15mm 的爆裂区域。

（3）试验后抗压强度损失不得大于 5MPa。

（4）产品中不予许有欠火砖、酥砖和螺旋纹砖。

图 6-7　欠火砖

欠火砖：未达到烧结温度或保持烧结温度时间不够的砖，其特征是敲击时声音哑、土心、抗风化性能和耐久性差。如图 6-7 所示。

酥砖：干砖坯受湿（潮）气或雨淋后成返潮坯、雨淋坯，或湿坯受冻后的冻坯，这类砖焙烧后为酥砖，或砖坯入窑焙烧时预热过急，导致烧成的砖易成为酥砖，酥砖极易从外观就能辨别出来，这类砖的特征是声音哑，强度低、抗风化和耐久性差。

螺旋纹砖：以螺旋挤出机成型砖坯时，坯体内部形成螺旋状分层的砖，其特征是强度低、声音哑、抗风化性能差、受冻后会层层脱皮、耐久性差。

6. 放射性核素限量

建筑主体材料中天然放射性核素镭-226、钍-232、钾-40 的放射性比活度应同时满足 $I_{Ra} \leqslant 1.0$，$I_r \leqslant 1.0$。

对空心率大于 25% 的建筑主体材料，其天然放射性核素镭-226、钍-232、钾-40 的放射性比活度应同时满足 $I_{Ra} \leqslant 1.0$，$I_r \leqslant 1.3$。

6.1.3　砖的检测

1. 取样方法与数量

检验批的构成原则和批量大小按 JC/T 466 规定，3.5 万块～15 万块为一批，不足 3.5 万块按一批计。

外观质量检验的试样采用随机抽样法，在每一检验批的产品堆垛中。尺寸偏差检验和其他检验项目的样品用随机抽样法从外观质量检验后的样品抽取。抽样数量按下表进行。

抽样数量（块）　　　　　　　　　　　　　　　　　表 6-3

序号	检验项目	抽样数量
1	外观质量	50
2	欠火砖、酥砖、螺旋纹砖	50
3	尺寸偏差	20
4	强度等级	10
5	泛霜	5
6	石灰爆裂	5
7	吸水率和饱和系数	5
8	冻融	5
9	放射性	2

2. 进场砖的外观质量检查

（1）量具：砖用卡尺，如图 6-8 所示，分度值为 0.5mm；钢直尺：分度值不应大于 1mm。

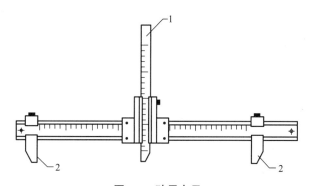

图 6-8　砖用卡尺

1—垂直尺；2—支脚

（2）测量方法：

缺损：缺棱掉角在砖上造成的破损程度。以破损部分对长宽高三个棱边的投影尺寸来度量，称为破坏尺寸。如图 6-9、图 6-10 所示。

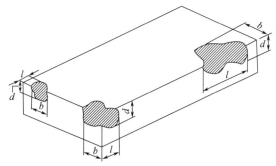

图 6-9　缺棱掉角破坏尺寸量法

l—长度方向的投影尺寸；b—宽度方向的投影尺寸；d—高度方向的投影尺寸

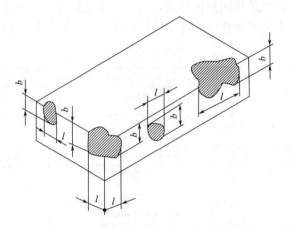

图 6-10 缺损在条、顶面上造成破坏面量法
l—长度方向的投影尺寸；*b*—宽度方向的投影尺寸

裂纹分为长度方向、宽度方向和水平方向三种，以被测方向的投影长度表示。如果裂纹从一个面延伸至其他面上是，则累计其延伸的投影长度，如图 6-11 所示。

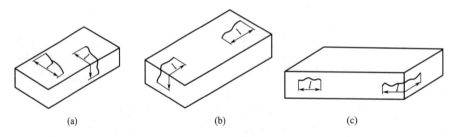

图 6-11 裂缝的测量方法
（a）宽度方向形裂纹长度量法；（b）长度方向形裂纹长度量法；（c）水平方向形裂纹长度量法

弯曲分别在大面和条面上测量，测量时将砖用卡尺的两支脚沿棱边两端放置，择其弯曲最大处将垂直尺推至砖面。但不应将因杂质或碰伤造成的凹处计算在内。以弯曲中测得的较大者作为测量结果。如图 6-12 所示。

杂质在砖面上造成的凸出高度，以杂质距砖面的最大距离表示。测量时将砖用卡尺的两支脚置于凸出两边的砖平面上，以垂直尺测量，如图 6-13 所示。

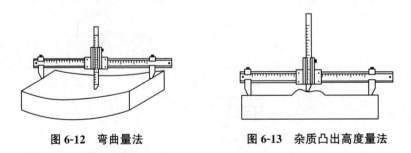

图 6-12 弯曲量法　　　　　　　　**图 6-13 杂质凸出高度量法**

色差：装饰面朝上随机分两排并列，在自然光下距离砖样 2m 处目测。

3. 砖的抗压强度试验

（1）试验仪器与设备

材料试验机、钢直尺、振动台、制样模具、搅拌机、切割设备和抗压强度试验用净浆材料。

（2）取样数量

试样数量为 10 块。

（3）试样制备

第一种：一次成型制样

一次成型制样适用于采用样品中间部位切割，交错叠加灌浆制成强度试验试样的方式。

将试样锯成两个半截砖，两个半截砖用于叠合部分的长度不得小于 100mm，如图 6-14 所示。如果不足 100mm，应另取备用试样补足。

将已切割开的半截砖放入室温的净水中浸 20～30min 后取出，在铁丝网架上滴水 20～30min，以断口相反方向装入制样模具中。用插板控制两个半砖间距不应大于 5mm，砖大面与模具间距不应大于 3mm，砖断面、顶面与模具间垫以橡胶垫或其他密封材料，模具内表面涂油或脱模剂。制样模具及插板如图 6-15 所示。

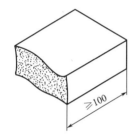

图 6-14　半截砖长度示意图

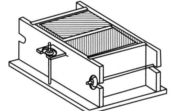

图 6-15　一次成型制样模具及插板

将净浆材料按照配置要求，置于搅拌机中搅拌均匀。

将装好试样的模具置于振动台上，加入适量搅拌均匀的净浆材料，振动时间为 0.5～1min，停止振动，静置至净浆材料达到初凝时间（约 15～19min）后拆模。

第二种：二次成型制样

适用于采用整块样品上下表面灌浆制成强度试验试样的方式。

将整块试样放入温室的净水中浸 20～30min 后取出，在铁丝网架上滴水 20～30min。

按照净浆材料配置要求，置于搅拌机中搅拌均匀。

模具内表面涂油或脱模剂，加入适量搅拌均匀的净浆材料，将整块试样一个承压面与净浆接触，装入制样模具中，承压面找平层厚度不应大于 3mm。接通振动台电源，振动 0.5～1min，停止振动，静置至净浆材料初凝（约 15～19min）后拆模。按同样方法完成整块试样另一承压面的找平。二次成型制样模具如图 6-16 所示。

第三种：非成型制样

非成型制样适用于试样无需进行表面找平处

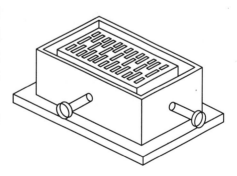

图 6-16　二次成型制样模具

125

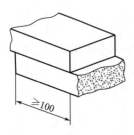

图 6-17　半砖叠合示意图

理制样的方式。

将试样锯成两个半截砖，两个半截砖用于叠合部分的长度不得小于 100mm。如果不足 100mm，应另取备用试样补足。

两半截砖切断口相反叠放，叠合部分不得小于 100mm，如图 6-17 所示，即为抗压强度试样。

（4）试样养护

一次成型制样、二次成型制样在不低于 10℃的通风室内养护 4h。非成型制样不需养护，试样气干状态直接进行试样。

（5）检测步骤

测量每个试样连接面或受压面的长、宽尺寸各两个，分别取其平均值，精确至 1mm。

将试样放在加压板的中央，垂直于受压面加荷，应均匀平稳，不得发生冲击或振动。加荷速度以 2～6kN/s 为宜，至试样破坏为止，记录最大破坏荷载 P。

（6）结果计算与评定

每块试样的抗压强度（R_p）按下式计算。

$$R_p = \frac{P}{L \times B}$$

式中　R_p——抗压强度，MPa；

　　　P——最大破坏荷载，N；

　　　L——受压面（连接面）的长度，mm；

　　　B——受压面（连接面）的宽度，mm。

试验结果用试样抗压强度的算术平均值和标准值或单块最小值表示。

6.2　砌块

6.2.1　砌块的概述

砌块是建筑用的人造块材，外形多为直角六面体，也有各种异型的，砌块系列中主规格的长度、宽度或高度有一项或一项以上分别大于 365mm、240mm、115mm。但高度不大于长度或宽度的 6 倍，长度不大于高度的 3 倍。砌块按规格可分为大型砌块（高度≥980mm）、中型砌块（高度 380～980mm）和小型砌块（115～380mm）；按用途可分为承重砌块和非承重砌块；按孔洞率分为实心砌块、空心砌块；按原材料的不同可分为蒸压加气混凝土砌块、粉煤灰小型空心砌块、普通混凝土小型空心砌块、轻骨料混凝土砌块、复合保温砌块等。

1. 蒸压加气混凝土砌块

以硅质材料和钙质材料为主要原料，掺加发气剂，经加水搅拌，有化学反应形成空隙，经浇筑成型、预养切割、蒸压养护等工艺过程制成的多孔硅酸盐砌块。如图 6-18 所示，主要有蒸压水泥-石灰-砂加气混凝土砌块、蒸压水泥-石灰-粉煤灰加气混凝土砌块等品种。

2. 粉煤灰小型砌块

以粉煤灰、水泥、各种轻重骨料、水为主要组分（也可以加入外加剂等）拌合制成的小型空心砌块，如图 6-19 所示，其中粉煤灰用量不应低于原材料质量的 20%，水泥用量不应低于原材料质量的 10%。

图 6-18　蒸压加气混凝土砌块

图 6-19　粉煤灰小型砌块

3. 普通混凝土小型空心砌块

用水泥做胶结料，砂、石作骨料，经搅拌、振动（或压制）成型、养护等工艺过程制成的，孔洞率大于或等于 25%，常用于承重部位的普通混凝土小型砌块，如图 6-20 所示。

4. 复合保温砌块

由烧结或非烧结的砌块类墙体材料为受力砌块，与绝热材料复合，形成具有明显保温隔热功能的砌块。主要有夹芯复合保温砌块、填充型复合保温砌块、贴面型复合保温砌块。如图 6-21 所示。

图 6-20　普通混凝土小型空心砌块

图 6-21　复合保温砌块

6.2.2　常用砌块的技术指标

蒸压加气混凝土砌块是房屋建筑工程中常见的砌块，下面以蒸压加气混凝土砌块为例介绍常用砌块的技术指标。

1. 蒸压加气混凝土砌块的规格尺寸

蒸压加气混凝土砌块的规格尺寸见表 6-4。

砌块的规格尺寸（mm）   表 6-4

长度 L	宽度 B			高度 H			
600	100 120 125 150 180 200 240 250 300			200	240	250	300

注：如需要其他规格，可由供需双方协商解决

2. 砌块强度和干密度等级

砌块按强度分为 A1.0、A2.0、A2.5、A3.5、A5.0、A7.5、A10 七个级别，砌块按干密度分为 B03、B04、B05、B06、B07、B08 六个级别。

3. 砌块等级

砌块按尺寸偏差与外观质量、干密度、抗压强度和抗冻性分为：优等品（A）、合格品（B）二个等级。

4. 砌块产品标记

示例：强度级别为 A3.5、干密度级别为 B05、优等品、规格尺寸为 600mm×200mm×250mm 的蒸压加气混凝土砌块，其标记为：

ACB A3.5 B05 600×200×250A GB 11968

6.2.3 砌块的质量检测

1. 砌块的进场检验

蒸压加气混凝土砌块进场，需要检验的项目有：尺寸偏差、外观质量、立方体抗压强度、干密度。

具体检验指标见表 6-5。

尺寸偏差与外观   表 6-5

项目				指标	
				优等品（A）	合格品（B）
尺寸允许偏差（mm）	长度		L	±3	±4
	宽度		B	±1	±2
	高度		H	±1	±2
缺棱掉角	最小尺寸不得大于（mm）			0	30
	最大尺寸不得大于（mm）			0	70
	大于以上尺寸的缺棱掉角个数，不多于（个）			0	2
裂纹长度	贯穿一棱二面的裂纹长度不得大于裂纹所在面的裂纹方向尺寸总和的			0	1/3
	任一面上的裂纹长度不得大于裂纹方向尺寸的			0	1/2
	大于以上尺寸的裂收条数，不多于（条）			0	2

续表

项目	指标	
	优等品（A）	合格品（B）
爆裂、黏模和损坏深度不得大于(mm)	10	30
平面弯曲	不允许	
表面疏松、层裂	不允许	
表面油污	不允许	

2. 尺寸、外观检测方法

（1）量具：采用钢直尺、钢卷尺、深度游标卡尺，最小刻度为1mm。

（2）尺寸测量：长度、高度、宽度分别在两个对应面的端部测量，各量两个尺寸（图6-22）。 测量值大于规格尺寸的取最大值，测量值小于规格尺寸的取最小值。

（3）缺棱掉角：缺棱或掉角个数，目测；测量砌块破坏部分对砌块的长、高、宽三个方向的投影面积尺寸（图6-23）。

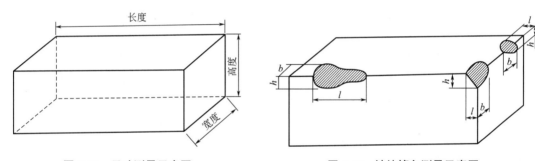

图6-22 尺寸测量示意图

图6-23 缺棱掉角测量示意图

l—长度方向的投影尺寸；*h*—高度方向的投影尺寸；
b—宽度方向的投影尺寸

（4）裂纹：裂纹条数，目测；长度以所在面最大的投影尺寸为准，如图6-24中 *l*。若裂纹从一面而延伸至另一面，则以两个面上的投影尺寸之和为准，如图中（*b*+*h*）和（*l*+*h*）。

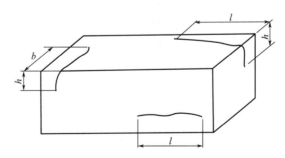

图6-24 裂纹长度测量示意图

l—长度方向的投影尺寸；*h*—高度方向的投影尺寸；*b*—宽度方向的投影尺寸

（5）平面弯曲：测量弯曲面的最大缝隙尺寸（图6-25）。

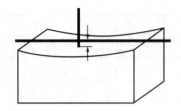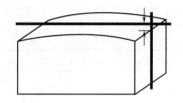

图 6-25　平面弯曲测量示意图

（6）爆裂、黏模和损坏深度：将钢直尺平放在砌块表面，用深度游标卡尺垂直于钢直尺，测量其最大深度。

（7）砌块表面油污、表面疏松、层裂：目测。

3. 砌块的取样与复试

抽样规则：同品种、同规格、同等级的砌块，以 10000 块为一批，不足 10000 块亦为一批，随机抽取 50 块砌块，进行尺寸偏差、外观检验。

从外观与尺寸偏差检验合格的砌块中，随机抽取 6 块砌块制作试件，进行如下项目检验：

干密度　　　3 组 9 块；

强度级别　　3 组 9 块。

（1）若受检的 50 块砌块中，尺寸偏差和外观质量不符合表 6-5 规定的砌块数量不超过 5 块时，判定该批砌块符合相应等级；若不符合表 6-5 规定的砌块数量超过 5 块时，判定该批砌块不符合相应等级。

（2）以 3 组干密度试件的测定结果平均值判定砌块的干密度级别，符合表 6-6 规定时则判定该批砌块合格。

砌块的干密度　单位为 kg/m³　　　表 6-6

干密度级别		B03	B04	B05	B06	B07	B08
干密度	优等品(A)≤	300	400	500	600	700	800
	合格品(B)≤	325	425	525	625	725	825

（3）以 3 组抗压强度试件测定结果按表 6-7 判定其强度级别。当强度和干密度级别关系符合表 6-7 规定，同时，3 组试件中各个单组抗压强度平均值全部大于表 6-7 规定的此强度级别的最小值时，判定该批砌块符合相应等级；若有 1 组或 1 组以上此强度级别的最小值时，判定该批砌块不符合相应等级。

砌块的强度级别　　　表 6-7

干密度级别		B03	B04	B05	B06	B07	B08
强度级别	优等品(A)	A1.0	A2.0	A3.5	A5.0	A7.5	A10.0
	合格品(B)			A2.5	A3.5	A5.0	A7.5

（4）出厂检验中受检验产品的尺寸偏差、外观质量、立方体抗压强度、干密度各项检验全部符合相应等级的技术要求规定时，判定为相应等级；否则降等或判定为不合格。

墙用板材

墙用板材是砌墙砖和砌块之外的另一类重要的新型墙体材料，由于其自重轻、安装快、施工效率高，同时，又能增加建筑物使用面积、提高抗震性能、节省生产和使用能耗等，随着建筑节能工程和墙体材料革新工程的实施，新型建筑板材必将获得迅猛发展。墙用板材是框架结构建筑的组成部分。墙板起围护和分隔作用。按材料类别有水泥类墙用板材、石膏类墙用板材、复合板、纤维增强硅酸钙板（硅钙板）。

6.3.1 水泥类墙用板材

1. 预应力混凝土空心墙板（简称 SP 墙板）

预应力混凝土空心墙板，如图 6-26 所示，是以高强度低松弛预应力钢绞线、52.5 级早强水泥及砂、石子为原料，经张拉、搅拌、挤压、养护、放张、切割而成，在使用时按照要求可配以泡沫聚苯乙烯保温层、外饰面层和防水层等。其执行《预应力混凝土空心板》GB/T 14040—2007，以代号 Y-KB 表示，板边应设置边槽。

（1）分类。分 SP 普通板和 SP 复合外墙板两类。

（2）规格。长度为 2.5～18m，宽度为 1.2m，厚度为 10cm、13cm、15cm、18cm、20cm、25cm、30cm、38cm。

（3）特点。板面平整，尺寸误差小，施工使用方便，减少湿作业，加快施工速度，提高工程质量。

2. 玻璃纤维增强水泥板（GRC）

GRC 空心轻质隔墙板，如图 6-27 所示，是以低碱度的水泥为胶结材料，抗碱玻璃纤维为增强抗拉的材料，并配以发泡剂和防水剂，经搅拌、成型、脱水、养护制成的一种轻质墙板。

图 6-26 预应力混凝土空心墙板

图 6-27 玻璃纤维增强水泥板（GRC）

（1）分类。水泥珍珠岩板、岩棉板、聚苯乙烯泡沫板、复合外墙板；厚度分为 120mm、

370mm 两类。

（2）特点。强度高、韧性好；抗渗、防火、耐候性好；绝热性与隔声性好。

（3）应用。质量轻、不燃、可锯、可钉、可钻、施工方便且效率高。主要用于工业和民用建筑的内隔墙。

6.3.2 石膏类墙用板材

石膏类墙用板材是指以纸面石膏板或石膏材料为面层，与其他轻质保温材料复合，经预制或现场制作而成的复合型石膏墙体材料，分为预制石膏板复合墙板、玻璃纤维增强石膏外墙内保温板、充气石膏板、现场拼装石膏板内保温复合外墙、粉刷石膏聚苯内保温墙体等。

1. 石膏板复合墙板

石膏板复合墙板是以纸面石膏板为面层，以绝热材料为芯材的预制复合板。

（1）常用种类。纸面石膏聚苯复合板、纸面石膏玻璃复合板、无纸石膏聚苯复合板。

（2）规格。纸面石膏聚苯复合板、纸面石膏玻璃复合板的长度为 2500～3000mm，宽度为 900～1200mm，厚度 42～52mm，12mm 厚石膏板面层；无纸石膏聚苯复合板长度为 800～850mm，宽度 600mm，厚度 45～60mm，石膏板与聚苯板浇筑成型。

（3）适用范围。用于非承重墙、外墙内保温。

2. 玻璃纤维增强石膏外墙内保温板

玻璃纤维增强石膏外墙内保温板是以玻璃纤维增强石膏为面层，聚苯乙烯泡沫塑料板为芯层，以台座法生产的夹芯式复合保温板。

（1）制作。面层为石膏玻璃纤维料浆，并用 3mm×3.5mm×5mm 玻璃纤维网格布增强，板长方向两侧带气口。

（2）规格。板长度为 2400～2700mm，宽度为 595mm，厚度为 40～60mm。

（3）适用范围。用于烧结砖或混凝土外墙的内侧保温墙体。

3. 石膏空心条板

石膏空心条板，如图 6-28 所示，是石膏板的一种，以建筑石膏为基材，掺以无机轻骨料、无机纤维增强材料而制成的空心条板。主要用于建筑的非承重内墙，其特点是无需龙骨。

石膏空心条板形状与混凝土空心楼板类似，规格尺寸一般为（2400～3000）mm×600mm×（60～120）mm、7孔或9孔的条形板材。主要品种可包括石膏珍珠岩空心条板、石膏粉煤灰硅酸盐空心条板和石膏空心条板。

石膏空心条板是以建筑石膏为主要材料，掺加适量水泥或粉煤灰，同时加入少量增强纤维（如玻璃纤维、纸筋等），也可以加入适量的膨胀珍珠岩及其他掺加料，经料浆拌合、浇注成型、抽芯、干燥等工序制成的轻质板材。

4. 纤维石膏板

纤维石膏板（或称石膏纤维板，无纸石膏板），如图 6-29 所示，是一种以建筑石膏粉为主要原料，以各种纤维为增强材料的一种新型建筑板材。由于外表省去了护面纸板，因此，应用范围比覆盖纸面石膏板更广泛，且其综合性能优于纸面石膏板，如厚度为 12.5mm 的纤维石膏板的螺栓握裹力达 $600N/mm^2$，而纸面的仅为 $100N/mm^2$，所以纤维石膏板具有可钉性，可挂东西，而纸面板不具有此功能。

在应用方面，纤维石膏板可作干墙板、墙衬、隔墙板、瓦片及砖的背板、预制板外包覆层、顶棚板块、地板防火门及立柱、护墙板以及特殊应用，如拖车及船的内墙、室外保温装饰系统。

图 6-28　石膏空心条板

图 6-29　纤维石膏板

6.3.3　复合墙板

建筑墙体中，复合墙板是由两种或两种以上不同功能材料组合而成的墙板，其中夹芯板是复合墙板中最常见的一种，由承重或维护面层与绝热材料芯层复合而成的墙板。常见的复合墙板有 CL 建筑复合墙板、金属面夹芯板等，其中应用较为广泛的是金属面夹芯板。

1. CL 建筑复合墙板

CL 建筑复合墙板，如图 6-30 所示，也称为复合保温钢筋焊接网架混凝土剪力墙，它是由 CL 墙板、实体剪力墙组成的剪力墙结构，其构造层次如图 6-30 所示。

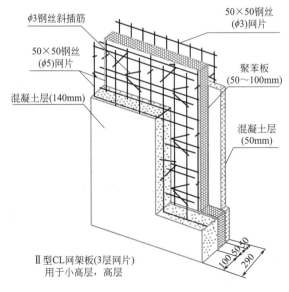

图 6-30　CL 复合墙板

CL复合墙板是CL网架板做主要承重构件的骨架（偏居中放置，两侧浇筑混凝土），以高压高强石膏板作为施工浇筑混凝土的永久性模板（替代了钢模板和抹灰）；同时，内隔墙采用高压高强石膏空心砌块砌筑而成。该结构的保温层耐久性好、耐火极限高；建筑保温与结构同寿命，该墙体是解决目前建筑保温材料使用年限远小于建筑结构使用年限的一种方法。

2. 金属面夹芯板

金属面夹芯板是指上下两层为金属薄板，芯材为有一定刚度的保温材料，如岩棉、硬质泡沫塑料等，在专用的自动化生产线上复合而成的具有承载力的结构板材，也称为"三明治"板。《金属面夹芯板应用技术标准》JGJ/T 453—2019中规定金属面夹芯板的金属板可采用彩色涂层钢板、铝合金板、不锈钢板，芯材可采用模塑聚苯乙烯泡沫塑料、挤塑聚苯乙烯泡沫塑料、硬质聚氨酯泡沫塑料、岩棉及玻璃棉制作。

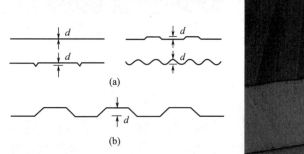

图 6-31　金属面夹芯板
（a）平面或浅压型面板（$d\leqslant5$mm）；（b）深压型或压型面板（$d>5$mm）

根据《金属面夹芯板应用技术标准》JGJ/T 453—2019规定，金属面夹芯板的检验项目：金属面板材料的力学性能、芯材的抗拉强度试验、芯材的压缩试验、金属面板与芯材粘结力试验、芯材密度。

6.3.4　纤维增强硅酸钙板（硅钙板）

纤维增强硅酸钙板是以硅质、钙质材料为主要胶结材料，无机矿物纤维或纤维素纤维等纤维为增强材料，经成型、加压（或非加压）、蒸压养护制成的板材。常用的有两种：无石棉硅酸钙板（《纤维增强硅酸钙板　第1部分：无石棉硅酸钙板》JC/T 564.1—2018）、温石棉硅酸钙板（《纤维增强硅酸钙板　第2部分：温石棉硅酸钙板》JC/T 564.2—2018），无石棉硅酸钙板是用非石棉类纤维为增强材料制成的纤维增强硅酸钙板。温石棉硅酸钙板使用温石棉纤维单独或混合掺入其他增强纤维作为增强材料制成的纤维增强硅酸钙板。

无石棉硅酸钙板在生产过程中，将制成的料坯送入压蒸釜中，经约0.8～1.0MPa、180℃的饱和蒸汽作用，激发原料中的硅质、钙质材料的活性，促进发生水化反应，产生强度。

分类：根据表面处理状态分为原板（代号为 YB）、单面砂光板（代号为 DB）及双面砂光板（代号为 SB）。

根据用途分为三类：

A 类：适用于室外使用，可能承受直接日照、雨淋、雪或霜冻。

B 类：适用于长期可能承受热、潮湿和非经常性的霜冻等环境，如地下室。

C 类：适用于室内使用，可能受到热或潮湿，但不会受到霜冻，如内墙，地板等。

规格尺寸（mm）　　　　　　　　　　　　　　　　　　　表 6-8

项目	公称尺寸
长度 L	600、900、1200、1800、2400、2440、3000、3600、4800、4880
宽度 H	600、900、1200、1220
厚度 e	4、5、6、8、9、10、12、14、16、18、20、22、25、30

注：根据用户需要，可按供需双方合同要求生产其他规格的产品

规格尺寸：见表 6-8。

无石棉硅酸钙板根据抗折强度分为五个等级：R1 级、R2 级、R3 级、R4 级、R5 级。根据抗冲击强度分为五个等级：C1 级、C2 级、C3 级、C4 级、C5 级。

无石棉硅酸钙板代号：NA。

无石棉硅钙板标记按产品代号、类别、抗折强度等级、抗冲击强度等级、表面处理状态、规格尺寸（长度×宽度×厚度）、标准编号顺序进行标记。

示例：无棉硅酸钙板 A 类、抗折强度等级 R3、抗冲击强度等级 C2、单面砂光、长度 2440mm、宽度 1220mm、厚度 6mm，标记为：

NA A R3 C2 DB 2440×1220×6　JC/T564.1-2018

思考及练习题

一、单选题

1. 烧结普通砖的技术性能指标不包括（　　）。

A. 尺寸偏差　　　　　　　　　　　　B. 砖的外观质量

C. 泛霜　　　　　　　　　　　　　　D. 自重

2. 检验烧结普通砖的强度等级，需取（　　）块试样进行试验。

A. 1　　　　　　　B. 10　　　　　　　C. 5　　　　　　　D. 15

3. 烧结多孔砖的孔洞率应（　　）。

A. ＞15％　　　　　B. ＞ 18％　　　　C. ＞ 28％　　　　D. ＞20％

4. 下面哪项不是加气混凝土砌块的特点（　　）。

A. 轻质　　　　　B. 保温隔热性好　　　C. 加工性能好　　　D. 韧性好

5. 蒸压加气混凝土砌块 A3.5B06，其中 A 代表砌块的强度，B 代表砌块的（　　）。

A. 湿度　　　　　B. 干密度　　　　　C. 含水率　　　　　D. 吸水率

6. 烧结普通砖抗压强度最低等级为（　　）。

A. MU15　　　　　B. MU10　　　　　C. MU7.5　　　　　D. MU5.0

答案

二、填空题

1. 欠火砖的强度和_____或_____性能差。

2. 烧结普通砖具有一定的_____，又具有一定的_____性能，故在墙体中仍广泛应用。

3. 泛霜是烧结砖在使用过程中的一种_____现象。

4. 烧结普通砖的强度等级是根据_____及抗压_____来确定。

5. 严重风化地区使用的烧结普通砖必须满足_____性能的要求。

三、判断题

1. 中等泛霜的烧结普通砖可用于潮湿部位。（　　　）

2. 烧结空心砖可以用于建筑物的承重部位。（　　　）

3. 混凝土实心砖和混凝土普通砖只是名称不同，实为同一品种砖。（　　　）

4. 蒸压加气混凝土砌块抗压强度试验采用 3 组 9 块，100mm×100mm×100mm 的标准试样。（　　　）

5. 烧结空心砖所送样品中不允许有欠火砖和酥砖。（　　　）

四、简答题

1. 多孔砖与空心砖有何异同点？

2. 砌墙砖检验的项目有哪些？检验批和取样数量是如何规定的？

3. 墙用板材主要有哪些品种？

检测实训 🔍

任务：测定蒸压加气混凝土砌块的干密度、含水率、吸水率与抗压强度 4 项指标。

教学单元7

建筑钢材

Chapter 07

教学目标

1. 知识目标：

(1) 了解钢材的化学组成、钢材的分类；

(2) 掌握建筑钢材的主要技术性能（包括拉伸性能、冷弯性能、冲击韧性、可焊性等）的意义；

(3) 掌握钢筋的性能检测方法；

(4) 理解钢的化学成分和加工方法对钢材性能的影响；

(5) 熟悉建筑钢材的标准与选用；

(6) 理解钢材的腐蚀，掌握钢材腐蚀的防止措施。

2. 能力目标：

(1) 会查阅相关检测标准；

(2) 能根据检测标准写出试验用仪器和试验步骤；

(3) 能熟练操作仪器；

(4) 会根据试验步骤进行试验，会填写试验原始记录；

(5) 能对检测数据进行处理；

(6) 具备钢筋拉伸性能、弯曲性能检测的能力。

思维导图

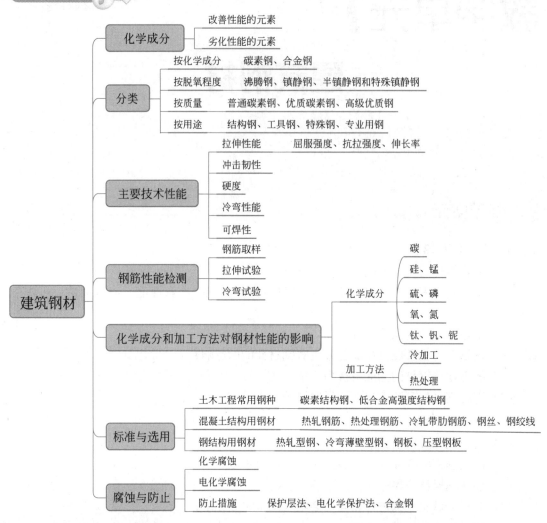

引文

　　钢材是以铁为主要元素，含碳量一般在2%以下，并含有其他元素的材料。

　　建筑钢材是指建筑工程中使用的各种钢材，包括钢结构用各种型材（如圆钢、角钢、工字钢、钢管、板材）和钢筋混凝土结构用钢筋、钢丝、钢绞线。

　　钢材是在严格的技术条件下生产的材料，它有以下优点：材质均匀，性能可靠，强度高，具有一定的塑性和韧性，具有承受冲击和振动荷载的能力，可焊接、铆接或螺栓连接，便于装配；其缺点是易腐蚀，维修费用大。

　　钢材的这些特性决定了它是工程建设所需要的重要材料之一。由各种型钢组成的钢结构安全性大，自重较轻，适用于大跨度结构和高层结构。用钢筋制作的钢筋混凝土结构尽管存在自重大等缺点，但用钢量大为减少，同时克服钢材因腐蚀而维修费用高的缺点，因而在建筑工程中广泛采用钢筋混凝土结构，钢筋是最重要的建筑材料之一。

7.1　钢材的化学成分和分类

7.1.1　钢材的化学成分

用生铁冶炼钢材时，会从原料、燃料中引入一些其他元素，这些元素存在于钢材的组织结构中，对钢材的结构和性能有重要的影响，可分为两类：一类能改善钢材的性能称为合金元素，主要有硅、锰、钛、钒、铌等；另一类能劣化钢材的性能，属钢材的杂质元素，主要有氧、硫、氮、磷等。

7.1.2　钢材的分类

钢的品种繁多，为了便于掌握和选用，常将钢从不同角度进行分类。

钢材的
分类

1. 按化学成分分类

（1）碳素钢

碳素钢的主要成分是铁，其次是碳，此外还有少量的硅、锰、硫、磷、氧、氮等微量元素。碳素钢又根据含碳量的高低可分为：

低碳钢（含碳量 $<0.25\%$）

中碳钢（含碳量 $0.25\%\sim0.60\%$）

高碳钢（含碳量 $>0.60\%$）

（2）合金钢

合金钢是在碳素钢的基础上加入一种或多种改善钢材性能的合金元素，如硅、锰、钒、钛等。合金钢根据合金元素的总含量又分为：

低合金钢（合金元素含量 $<5\%$）

中合金钢（合金元素含量 $5\%\sim10\%$）

高合金钢（合金元素含量 $>10\%$）

2. 按冶炼时的脱氧程度分类

按脱氧程度不同，钢可分为沸腾钢、镇静钢、半镇静钢和特殊镇静钢四种。

沸腾钢：代号为 F，用锰铁脱氧，脱氧不完全，硫磷等杂质偏析较严重，质量较差，但成本低，产量高，可用于一般建筑工程，重要工程应限制使用。

镇静钢：代号为 Z，用锰铁、硅铁和铝锭等作脱氧剂，脱氧完全，且同时去硫。镇静钢成分均匀、性能稳定、质量好、成本高，适用于预应力混凝土、承受冲击荷载等重要结构工程。

半镇静钢：代号为 b，脱氧程度和质量介于沸腾钢和镇静钢之间。

特殊镇静钢：代号为 TZ，比镇静钢脱氧更彻底，质量最好，适用于特别重要的结构工程。

3. 按质量分类

普通碳素钢（含硫量<0.050%，含磷量<0.045%）

优质碳素钢（含硫量<0.035%，含磷量<0.035%）

高级优质钢（含硫量<0.030%，含磷量<0.030%）

4. 按用途分类

结构钢：包括建筑工程用结构钢和机械制造用结构钢。

工具钢：主要用于制作刀具、量具、模具等。

特殊钢：具有特殊的物理、化学或机械性能的钢，如不锈钢、耐酸钢、耐热钢、耐磨钢、磁钢等。

专业用钢：按不同行业分类，如桥梁用钢、汽车用钢、锅炉用钢、航空用钢、船舶用钢等。

目前，在建筑工程中常用的钢种是普通碳素结构钢和普通低合金结构钢。

7.2 钢材的主要技术性能

钢材的力学性能

钢材的性能主要包括力学性能和工艺性能等。只有了解、掌握钢材的各种性能，才能做到正确、经济、合理地选择和使用钢材。

7.2.1 钢材的拉伸性能

拉伸是建筑钢材的主要受力形式，所以拉伸性能是表示钢材性能和选用钢材的重要指标。

将低碳钢（软钢）标准拉伸试件，放在材料试验机上进行拉伸试验，可以测出屈服强度、抗拉强度和伸长率三个重要技术指标，可以绘出如图 7-1 所示的钢材的拉应力-应变关系曲线。从图中可以看出，低碳钢受力拉至拉断，经历了四个阶段：弹性阶段（O→A）、屈服阶段（A→B）、强化阶段（B→C）和颈缩阶段（C→D）。

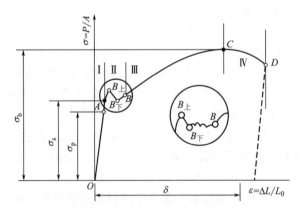

图 7-1 低碳钢受拉的应力-应变曲线图

（1）弹性阶段（O→A）

曲线中 OA 段是一条直线，应力与应变成正比。如卸去外力，试件能恢复原来的形状，这种性质即为弹性，此阶段的变形为弹性变形。与 A 点对应的应力称为弹性极限，以 σ_p 表示。应力与应变的比值为常数，即弹性模量 E，$E = \sigma/\varepsilon$。弹性模量反映钢材抵抗弹性变形的能力，是钢材在受力条件下计算结构变形的重要指标。

（2）屈服阶段（A→B）

在 AB 范围内，应力超过弹性极限后，应力与应变不再成正比关系，当应力达到 $B_上$ 时，即使不增大应力，塑性变形仍明显增长，钢材出现"屈服"现象。$B_下$ 点对应的应力值称为屈服极限，用 σ_s 表示。钢材受力达到屈服点以后，变形发展迅速，虽未破坏，但已不能满足使用要求。因此，在设计时，一般以下屈服强度作为强度取值依据。

（3）强化阶段（B→C）

在 BC 阶段，钢材又恢复了抵抗变形的能力，故称强化阶段。其中，C 点对应的应力值称为极限强度，又叫抗拉强度，用 σ_b 表示。

（4）颈缩阶段（C→D）

过 C 点后，钢材抵抗变形的能力明显降低，在受拉试件的某处，迅速发生较大的塑性变形，出现"颈缩"现象，直至 D 点断裂。

根据拉伸图可以求出材料的强度与塑性指标。

屈服强度和抗拉强度是衡量钢材强度的两个重要指标，也是设计中的重要依据。在工程中，希望钢材不仅具有高的 σ_s，并且应具有一定的"屈强比"（即屈服强度与抗拉强度的比值，用 σ_s/σ_b 表示）。屈强比是反映钢材利用率和安全可靠程度的一个指标。在同样抗拉强度下，屈强比小，说明钢材利用的应力值小（即 σ_s 小），钢材在偶然超载时不会破坏，但屈强比过小，钢材的利用率低，是不经济的。适宜的屈强比应该是在保证安全可靠的前提下，尽量提高钢材的利用率，合理的屈强比一般应在 0.60～0.75 范围内，如 Q235 碳素结构钢屈强比一般为 0.58～0.63，低合金钢为 0.65～0.75，合金结构钢为 0.85 左右。

中碳钢与高碳钢（硬钢）的拉伸曲线形状与低碳钢不同，屈服现象不明显。这类钢材的屈服强度常用规定残余伸长应力 $\sigma_{0.2}$ 表示。

建筑钢材应具有很好的塑性。在工程中，钢材的塑性通常用伸长率（或断面收缩率）和冷弯性能来表示。

伸长率是指试件拉断后，标距长度的增量与原标距长度之比，伸长率计算可参见 7.3.2 钢筋拉伸试验。为了测量方便，常用伸长率表征钢材的塑性。伸长率是衡量钢材塑性的重要指标，伸长率越大，说明钢材塑性越好。

7.2.2 冲击韧性

冲击韧性是指钢材抵抗冲击荷载而不被破坏的能力。它是以试件冲断时缺口处单位面积上所消耗的功（J/cm^2）来表示，其符号为 α_k。试验时将试件放置在固定支座上，然后以摆锤冲击试件刻槽的背面，使试件承受冲击弯曲而断裂，如图 7-2 所示。显然 α_k 值越大，钢材的冲击韧性越好。

钢材的冲击韧性对钢的化学成分、内部组织状态，以及冶炼、轧制质量都较敏感。例如：当钢材内硫、磷的含量高，存在化学偏析，含有非金属夹杂物及焊接形成的微裂纹时，都会使冲击韧性显著降低。同时，环境温度对钢材的冲击功影响也很大。试验表明，冲击韧性随温度的降低而下降，开始时下降缓和，当达到一定温度范围时，突然下降很多而呈脆性，这种性质称为钢材的冷脆性，这时的温度称为脆性临界温度。它的数值越低，钢材的低温冲击性能越好。所以，在负温下使用的结构，应当选用脆性临界温度较使用温度低的钢材。由于脆性临界温度的测定较复杂，故规范中通常是根据气温条件规定—20℃或—40℃的负温冲击值指标。

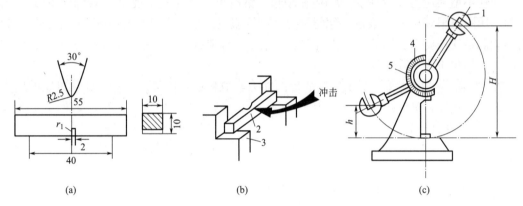

图 7-2　冲击韧性实验图

（a）试件尺寸（mm）；（b）试验装置；（c）试验机

1—摆锤；2—试件；3—试验台；4—指针；5—刻度盘；H—摆锤扬起高度；h—摆锤向后摆动高度

7.2.3　硬度

材料抵抗其他较硬物体刻划、压入的能力称为硬度。测定钢材硬度的常用方法为布氏硬度法。

布氏硬度法是用一定的压力把规定直径的硬质钢球压入钢材表面，持续规定时间后卸载，随后测量压痕直径，计算单位压痕凹形面积上的平均压应力，即得布氏硬度值（HB），HB值越大表示钢材越硬。

7.2.4　冷弯性能

冷弯性能是指钢材在常温下承受弯曲变形的能力。冷弯是通过检验试件经规定的弯曲程度后，弯曲处拱面及两侧面有无裂纹、起层、鳞落和断裂等情况进行评定的，一般用弯曲角度 a 以及弯曲压头直径 d 与钢材的厚度（或直径）的比值来表示。

如图 7-3 和图 7-4 所示，弯曲角度越大，弯心直径与试件厚度（或直径）的比值越小，表明冷弯性能越好。

冷弯也是检验钢材塑性的一种方法，并与伸长率存在有机的联系，伸长率大的钢材，其冷弯性能必然好，但冷弯检验对钢材塑性的评定比拉伸试验更严格、更敏感。冷弯有助于暴露钢材的某种缺陷，如气孔、杂质和裂纹等，在焊接时，局部脆性及接头缺陷都可通

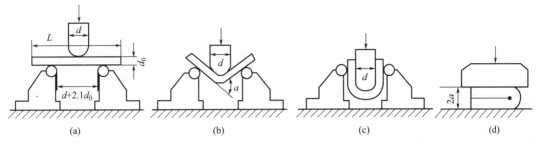

图 7-3　钢筋冷弯

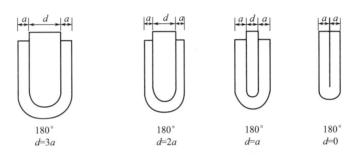

图 7-4　钢材冷弯规定弯心

过冷弯而发现，所以也可以用冷弯的方法来检验钢的焊接质量。对于重要结构和弯曲成型的钢材，冷弯必须合格。

7.2.5　可焊性

焊接是使钢材组成结构的主要形式。焊接的质量取决于焊接工艺、焊接材料及钢的可焊性能。可焊性是指在一定的焊接工艺条件下，在焊缝及附近过热区是否产生裂缝及硬脆倾向，焊接后的力学性能，特别是强度是否与原钢材相近的性能。

钢的可焊性主要受化学成分及其含量的影响，当含碳量超过 0.3%、硫和杂质含量高以及合金元素含量较高时，钢材的可焊性能降低。

一般焊接结构用钢应选用含碳量较低的氧气转炉或平炉的镇静钢，对于高碳钢及合金钢，为了改善焊接后的硬脆性，焊接时一般要采用焊前预热及焊后热处理等措施。

7.3　钢筋性能检测

7.3.1　钢筋的取样与复试

1. 检验标准

钢筋原材试验应以同厂别、同炉号、同规格、同一交货状态、同一进场时间每 60t 为一验收批，不足 60t 时，亦按一验收批计算。

2. 取样数量

每一验收批中取试样一组（2 根拉力、2 根冷弯、1 根化学）。低碳钢热轧圆盘条时，拉力 1 根。见表 7-1。

3. 取样方法

试件应从两根钢筋中截取：每一根钢筋截取一根拉力，一根冷弯，其中一根再截取化学试件一根，低碳热轧圆盘条冷弯试件应取自不同盘。

试件在每根钢筋距端头不小于 500mm 处截取。拉力试件长度：$7d_0+200$mm。冷弯试件长度：$5d_0+150$mm。

4. 复试

钢筋的检验首先要检查钢筋的标牌号及质量证明书；其次要做外观检查，从每批钢筋中抽取 5%，检查其表面不得有裂纹、创伤和叠层，钢筋表面的凸块不得超过横肋的高度，缺陷的深度和高度不得大于所在部位的允许和偏差，钢筋每一米弯曲度不应大于 4m。

钢筋的检测与取样

表 7-1

检测实验项目	主要检测参数	取样依据	取样数量
热轧光圆钢筋	拉伸(屈服强度、抗拉强度、断后伸长率)	《钢筋混凝土用钢 第 1 部分：热轧光圆钢筋》GB1499.1	每批由同一牌号、同一炉罐号、同一尺寸的钢筋组成。每批重量通常不大于 60t，不足 60t 也按一批计。每批钢筋应做 2 个拉伸试验、2 个弯曲试验。超过 60t 的部分，每增加 40t(或不足 40t 的余数)，增加 1 个拉伸试件和 1 个弯曲试件(试件长不小于 500mm，取样数量 5 根，先做重量偏差，再做强度试验)
	弯曲性能		
热轧带肋钢筋	拉伸(屈服强度、抗拉强度、断后伸长率)	《钢筋混凝土用钢 第 2 部分：热轧带肋钢筋》GB1499.2	每批由同一牌号、同一炉罐号、同一尺寸的钢筋组成。每批重量通常不大于 60t，不足 60t 也按一批计。每批钢筋应做 2 个拉伸试验、2 个弯曲试验。超过 60t 的部分，每增加 40t(或不足 40t 的余数)，增加 1 个拉伸试件和 1 个弯曲试件(试件长不小于 500mm，取样数量 5 根，先做重量偏差，再做强度试验)
	弯曲性能		

7.3.2 钢筋拉伸试验

1. 目的

抗拉强度是钢筋的基本力学性质，测定钢筋的实际直径、屈服强度、抗拉强度、伸长率、拉应力与应变之间关系，承受规定弯曲程度的变形能力，为确定和检验钢材的力学及工艺性能提供依据。

2. 仪器设备

钢筋打点机、万能材料试验机、游标卡尺、引伸计。

3. 检测步骤

（1）拉伸试验用钢筋试件不得进行车削加工，可以用两个或一系列等分小冲点或细划线标出原始标距（标记不影响试件断裂），测量标距长度 l_0（精确至 0.1mm）。

（2）将试件上端固定在试验机夹具内．调整试验机零点，装好描绘器、纸、笔等。再用下夹具固定试件下端。

（3）开动试验机进行试验，拉伸速度：屈服前应力施加速度为 10MPa/s，屈服后试验机活动夹头在荷载下的移动速度每分钟不大于 $0.5l_c$，l_c 为试件两夹头之间的距离直至试件拉断。

（4）在拉伸过程中，描绘器自动绘出荷载变形曲线。由荷载变形曲线和刻度盘指针读出屈服荷载 F_s（N）（指针停止转动或第一次回转时的最小荷载）与最大极限荷载 F_b（N）。

（5）量出拉伸后的标距长度 l_1。将已拉断的试件在断裂处对齐，尽量使轴线位于一条直线上。断裂处到邻近标距端点的距离大于 $l_0/3$ 时，可用卡尺直接量出 l_1。断裂处到邻近标距端点的距离小于或等于 $l_0/3$ 时，可按下述移位法确定 l_1：在长段上自断点起，取等于短段格数得 B 点，再取等于长段所余格数（偶数如图 7-5a 所示）之半得 C 点，或者取所余格数（奇数如图 7-5b 所示）减 1 与加 1 之半得 C 与 C_1 点。移位后的 l_1 分别为 $AB+2BC$ 或 $AB+BC+BC_1$。如用直接量测所得的伸长率能达到标准值，则可不采用移位法。

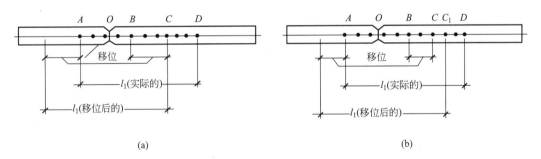

(a)　　　　　　　　　　　　　(b)

图 7-5　用移位法计算标距

4. 结果计算与评定

（1）屈服强度 σ_s 按下式计算：

$$\sigma_s = \frac{F_s}{A}$$

式中　σ_s——屈服强度；

　　　F_s——屈服点荷载（N）；

　　　A——试件的公称横截面面积（mm^2）。

（2）抗拉强度 σ_b 按下式计算：

$$\sigma_b = \frac{F_b}{A}$$

式中 σ_b——抗拉强度；

      F_b——最大荷载，N；

     A——试件的公称横截面面积，mm^2。

（3）伸长率 δ_{10}（或 δ_5）按下式计算（精确至 1%）：

$$\delta_{10}(\text{或} \delta_5) = \frac{l_1 - l_0}{l_0} \times 100\%$$

式中 δ_{10}（或 δ_5）——$l_0 = 10a$ 或 $l_0 = 5a$ 时的伸长率，a 为试件原始直径；

            l_0——原标距长度，mm；

            l_1——试件拉断后量出或用位移法确定的标距长度，mm，精确至 0.1mm。

如试件拉断处位于标距端点或标距外，则结果无效，应重做试验。

7.3.3　钢筋冷弯试验

1. 目的

通过检验钢筋在达到规定的弯曲程度时的弯曲变形性能，评定钢筋的质量。

2. 仪器设备

压力机或万能材料试验机。

3. 检测步骤

（1）弯曲试件长度根据试件直径和弯曲试验装置而定，冷弯试样长度按下式确定：

$$L = 5a + 150 \text{mm}$$

（2）调整两支辊间的距离 $l = (d + 3a) \pm 0.5a$，此距离在试验期间保持不变，如图 7-6 所示，d 为弯芯直径。

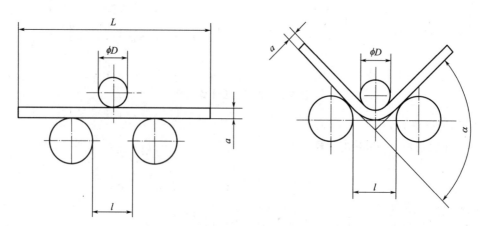

图 7-6　钢筋冷弯试验图

【提示】试件弯曲至两臂直接接触的试验，应首先将试件初步弯曲（弯曲角度尽可能大），然后将其置于两平行压板之间，连续施加力压其两端使试件进一步弯曲，直至两臂直接接触。

4. 结果评定

按有关标准规定检查试件弯曲外表面，若无裂纹、裂缝或裂断，则评定试件冷弯试验合格。

7.4　钢的化学成分和加工方法对钢材性能的影响

7.4.1　钢的化学成分对钢材性能的影响

1. 碳

碳是决定钢材性质的主要元素。钢材随含碳量的增加，强度和硬度相应提高，而塑性和韧性相应降低。当含碳量超过 1% 时，因钢材变脆，强度反而下降。同时，钢材的含碳量增加，还将使钢材冷弯性、焊接性及耐锈蚀性质下降，并增加钢材的冷脆性和时效敏感性，降低抗腐蚀性和可焊性。建筑工程用钢材含碳量不大于 0.8%。

2. 硅、锰

硅和锰是在炼钢时为了脱氧去硫而加入的元素。硅是钢的主要合金元素，含量小于1% 时，能提高钢材的强度，而对塑性和韧性没有明显影响。但硅含量超过 1% 时，冷脆性增加，可焊性变差。锰是低合金结构钢的主要合金元素，含量在 1%～2%，能消除钢热脆性，改善热加工性质。

3. 硫、磷

硫、磷都是钢材的有害元素。硫和铁化合成硫化铁，散布在纯铁体层中，当温度在800～1200℃时熔化而使钢材出现裂纹，称为"热脆"现象，使钢的焊接性变坏，硫还能降低钢的塑性和冲击韧性；磷使钢材在低温时韧性降低并容易产生脆性破坏，称为"冷脆"现象。

4. 氧、氮

氧、氮是在炼钢过程中进入钢液的，也是有害元素，可显著降低钢材的塑性、韧性、冷弯性能及可焊性等。

5. 钛、钒、铌

钛、钒、铌均是炼钢时的脱氧剂，也是合金钢常用的合金元素。可改善钢的组织、细化晶粒、改善韧性和显著提高钢材的强度。

7.4.2　加工方法对钢材性能的影响

1. 冷加工

（1）冷加工强化

冷加工强化是指在常温下对钢材进行冷拉、冷拔或冷轧等，使之产生一定的塑性变形，从而提高屈服强度的过程。

通常，冷加工变形越大，屈服强度提高越多，而塑性和韧性降低也越多。

建筑工地和预制构件厂常用的冷加工方法是冷拉和冷拔。

冷拉：将钢筋用冷拉设备强力进行拉伸，使之产生一定的塑性变形。钢筋经冷拉后屈服强度提高，长度增加，但弹性模量降低，材质变硬。

冷拔：将钢筋通过硬质合金拔丝模孔强行拉拔。冷拔时，钢筋不仅受拉，同时还受到挤压作用。经过一次或多次冷拔后，钢筋的屈服强度大大提高，但塑性也大大降低，具有硬钢的性质。

（2）时效处理

时效处理是指钢材经冷加工后，在常温下存放 15～20d，或加热至 100～200℃保持 2h 左右使其屈服强度、抗拉强度及硬度进一步提高，而塑性及韧性继续降低的过程。常温下的时效处理称为自然时效，加热保温的时效处理称为人工时效。钢材经时效处理后，其弹性模量可基本恢复。

时效敏感性是指时效导致钢材性能改变的程度。时效敏感性大的钢材，经时效处理后，其韧性、塑性改变大。因此，承受振动，冲击荷载作用的重要结构（如吊车梁、桥梁等），应选用时效敏感性小的钢材。

建筑用钢筋，常通过冷加工时效处理来提高其强度，从而节约钢材、增加钢材的品种及规格。

2. 热处理

热处理是指在固态范围内对钢材进行加热、保温、冷却，从而改变其金相组织和显微结构，或消除钢中内应力，获得所需性能的过程。钢材热处理的基本方法有退火、正火、淬火和回火四种。

（1）退火

退火是指将钢材加热至某一温度，保温一定时间后随炉冷却的一种热处理工艺。退火能消除钢材中的内应力和组织缺陷，细化晶粒，降低硬度，提高塑性和韧性，防止变形和开裂。

（2）正火

正火是指将钢材加热至某一温度，保温一定时间后在空气中冷却的一种热处理工艺。正火能消除钢材中的组织缺陷，使钢材强度和硬度提高，但塑性降低。

（3）淬火

淬火是指将钢材加热至某一合适温度，保温一定时间后放入水或油等淬冷介质中快速冷却的一种热处理工艺。淬火能提高钢材的强度和硬度，但增大脆性、降低塑性和韧性。

（4）回火

回火是指淬火硬化后的钢材重新加热至低于临界温度的适当温度，保温一定时间后在空气或水，油等介质中冷却的一种热处理工艺。回火可消除钢材淬火时产生的内应力，降低脆性，改善塑性和韧性。

7.5　建筑钢材的标准与选用

7.5.1　土木工程常用钢种

1. 碳素结构钢

根据国家标准《碳素结构钢》GB/T 700—2006 规定，碳素结构钢的牌号由代表屈服强度的汉语拼音字母 Q、屈服强度数值、质量等级符号、脱氧方法符号四部分按顺序组成。其中，屈服强度数值分为 195、215、235、275 四种，质量等级按硫、磷杂质含量分为 A、B、C、D 四个等级，脱氧方法分为沸腾钢（F）、镇静钢（Z）和特殊镇静钢（TZ），Z 和 TZ 在钢的牌号中可以省略。例如，Q215BF 表示屈服强度为 215MPa 的 B 级沸腾钢。碳素结构钢分为 Q195、Q215、Q235、Q275 四个牌号，一般来说，牌号数值越大，强度越高，但塑性和韧性降低。各牌号的性能和应用如下。

普通碳素结构钢

Q195 和 Q215：强度较低，塑性和韧性较好，易于冷加工和焊接，常用于铆钉、螺钉、铁丝等。

Q235：强度较高，塑性和韧性较好，焊接性较好，常用于各种型钢、钢板、管材和钢筋等，是建筑工程中最常用的牌号。

Q275：强度高，塑性和韧性较差，焊接性较差，不易冷弯，多用于制作机械零件、耐磨构件、螺栓等，极少数用于混凝土配筋和钢结构。

2. 低合金高强度结构钢

低合金高强度结构钢是在碳素结构钢的基础上，添加一种或几种合金元素（总量小于 5%）而形成的结构钢。常用的合金元素有锰、硅、钛、矾、铬、铌、镍以及稀土元素。根据国家标准《低合金高强度结构钢》GB/T1591—2018 规定，钢的牌号由代表屈服强度"屈"字的汉语拼音首字母 Q、规定的最小上屈服强度数值、交货状态代号、质量等级符号（B、C、D、E、F）四个部分组成。

交货状态为热轧时，交货状态代号 AR 或 WAR 可省略；交货状态为正火或正火轧制状态时，交货状态代号均用 N 表示。

Q+规定的最小上屈服强度数值+交货状态代号，简称为"钢级"。

例如：Q355ND，其中：

Q——钢的屈服强度的"屈"字汉语拼音的首字母；

355——规定的最小上屈服强度数值，单位为兆帕（MPa）；

N——交货状态为正火或正火轧制；

D——质量等级为 D 级。

牌号共八个，依次分别为 Q355、Q390、Q420、Q460、Q500、Q550、Q620、Q690。低合金高强度结构钢含碳量低（不大于 0.2%），硫、磷等有害杂质含量少，具有良好的塑性、韧性、可焊性、耐磨性、耐侵蚀性以及高强度等特点，是较理想的建筑钢材。因此低合金高强度结构钢主要用于轧制各种型钢、钢板、钢管及钢筋，广泛用于各种高层结构、重型结构、桥梁及大跨度结构工程中。

7.5.2 混凝土结构用钢材

热轧钢筋

钢筋混凝土结构用的钢筋和钢丝，主要由碳素结构钢和低合金结构钢轧制而成。主要品种有热轧钢筋、冷加工钢筋、热处理钢筋、预应力混凝土用钢丝和钢绞线。按直条或盘条（也称盘圆）供货。

1. 热轧钢筋

用加热钢坯轧成的条型成品钢筋，称为热轧钢筋。它是建筑工程中用量最大的钢材品种之一，主要用于钢筋混凝土和预应力混凝土结构的配筋。

热轧钢筋按其轧制外形分为：热轧光圆钢筋、热轧带肋钢筋。

带肋钢筋通常为圆形横截面，且表面通常带有两条纵肋和沿长度方向均匀分布的横肋。月牙肋的纵横肋不相交，月牙肋钢筋有生产简便、强度高、应力集中敏感性小、疲劳性能好等优点。如图 7-7 所示。

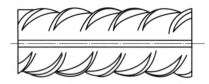

图 7-7 带肋钢筋外形

根据《钢筋混凝土用热轧光圆钢筋》GB/T 1499.1—2017 和《钢筋混凝土用热轧带肋钢筋》GB/T 1499.2—2018，热轧钢筋的力学性能及工艺性能应分别符合表 7-2 和表 7-3 的规定。H、R、B 分别为热轧、带肋、钢筋三个词的英文首位字母，E 代表抗震，F 代表细晶粒。

热轧光圆钢筋的性能 表 7-2

牌号	下屈服强度 R_{el}(MPa)	抗拉强度 R_m(MPa)	断后伸长率 A(%)	最大力总延伸率 %	冷弯试验 180° 不大于
	不小于				
HPB300	300	420	26	10.0	$d=a$

注：d—弯芯直径；a—钢筋公称直径

热轧带肋钢筋的性能 表 7-3

牌号	下屈服强度 R_{el}(MPa)	抗拉强度 R_m(MPa)	断后伸长率 A(%)	最大力总延伸率(%)	R_m^o/R_{el}^o	R_{el}^o/R_{el}
	不小于					不大于
HRB400 HRBF400	400	540	16	7.5	—	—
HRB400E HRBF400E			—	9.0	1.25	1.30

续表

牌号	下屈服强度 R_{el}(MPa)	抗拉强度 R_m(MPa)	断后伸长率 A(%)	最大力总延伸率(%)	R_m°/R_{el}°	R_{el}°/R_{el}
			不小于			不大于
HRB500 HRBF500	500	630	15	7.5	—	—
HRB500E HRBF500E			—	9.0	1.25	1.30
HRB600	600	730	14	7.5		

注：R_m° 为钢筋实测抗拉强度；R_{el}° 为钢筋实测下屈服强度

2. 预应力混凝土用热处理钢筋

预应力混凝土用热处理钢筋，是用热轧带肋钢筋经淬火和回火调质处理后的钢筋。通常，有直径为 6mm、8.2mm、10mm 三种规格，其条件屈服强度为不小于 1325MPa，抗拉强度不小于 1470MPa，伸长率（δ）不小于 6%，1000h 应力松弛率不大于 3.5%。按外形分为有纵肋和无纵肋两种，但都有横肋。钢筋热处理后卷成盘，使用时开盘钢筋自行伸直，按要求的长度切断。不能用电焊切断，也不能焊接，以免引起强度下降或脆断。热处理钢筋在预应力结构中使用，具有与混凝土粘结性能好、应力松弛率低、施工方便等优点。

3. 冷轧带肋钢筋

热轧圆盘条经冷轧后，在其表面带有沿长度方向均匀分布的三面或两面横肋，即成为冷轧带肋钢筋。钢筋冷轧后允许进行低温回火处理。根据《冷轧带肋钢筋》GB13788—2017 规定，冷轧带肋钢筋按抗拉强度分为 5 个牌号，分别为 CRB500、CRB650、CRB800、CRB970、CRB1170。CRB 分别为冷轧、带肋、钢筋三个词的英文首位字母，数值为抗拉强度的最小值。冷轧带肋钢筋的力学性能及工艺性能见表 7-4。与冷拔低碳钢丝相比较，冷轧带肋钢筋具有强度高、塑性好，与混凝土粘结牢固，节约钢材，质量稳定等优点。CRB550 宜用作普通钢筋混凝土结构；其他牌号宜用在预应力混凝土结构中。

冷轧带肋钢筋力学性能和工艺性能　　　　表 7-4

分类	牌号	规定塑性延伸强度 $R_{p0.2}$(MPa) 不小于	抗拉强度 R_m(MPa) 不小于	$R_m/R_{p0.2}$ 不小于	断后伸长率(%) 不小于		最大力总延伸率(%) 不小于	弯曲试验 180°	反复弯曲次数	应力松弛初始应力应相当于公称抗拉强度的70%
					A	A_{100mm}	A_{gt}			1000h, %不大于
普通钢筋混凝土用	CRB550	500	550	1.05	11.0	—	2.5	$D=3d$	—	—
	CRB600H	540	600	1.05	14.0	—	5.0	$D=3d$	—	—
	CRB680H[b]	600	680	1.05	14.0	—	5.0	$D=3d$	4	5

续表

分类	牌号	规定塑性延伸强度 $R_{p0.2}$ (MPa) 不小于	抗拉强度 R_{m} (MPa) 不小于	$R_{m}/R_{p0.2}$ 不小于	断后伸长率(%) 不小于		最大力总延伸率 (%) 不小于	弯曲试验 180°	反复弯曲次数	应力松弛初始应力应相当于公称抗拉强度的70%
					A	A_{100mm}	A_{gt}			1000h· %不大于
预应力混凝土用	CRB650	585	650	1.05	—	4.0	2.5	—	3	8
	CRB800	720	800	1.05	—	4.0	2.5	—	3	8
	CRB800H	720	800	1.05	—	7.0	4.0		4	5

4. 预应力混凝土用钢丝和钢绞线

（1）预应力混凝土用钢丝

根据《预应力混凝土用钢丝》GB/T 5223—2014 的规定，预应力混凝土用钢丝按加工状态分为冷拉钢丝（代号为 WCD）和消除应力钢丝两类。消除应力钢丝按松弛性能又分为低松弛级钢丝（代号为 WLR）和普通松弛级钢丝（代号为 WNR）。

预应力混凝土用钢丝按外形分为光圆钢丝（代号为 P）、螺旋肋钢丝（代号为 H）和刻痕钢丝（代号为 I）三种。

按标准规定产品标记应包含下列内容：预应力钢丝、公称直径、抗拉强度等级、加工状态代号、外形代号、标准编号。

【例7-1】 直径为 4.00mm，抗拉强度为 1670MPa 冷拉光圆钢丝，其标记为：预应力钢丝 4.00-1670-WCD-P-GB/T5223—2014。

【例7-2】 直径为 7.00mm，抗拉强度为 1570MPa 低松弛的螺旋肋钢丝，其标记为：预应力钢丝 7.00-1570-WLR-H-GB/T5223—2014。

预应力混凝土用钢丝质量稳定、安全可靠、强度高、无接头、施工方便，主要用于大跨度的屋架、薄腹架、吊车梁或桥梁等大型预应力混凝土构件，还可用于轨枕、压力管道等预应力混凝土构件。

（2）预应力混凝土用钢绞线

根据《预应力混凝土用钢绞线》GB/T 5224—2014 规定，用于预应力混凝土的钢绞线按其结构分为 8 类。其代号为：（1×2）用两根钢丝捻制的钢绞线；（1×3）用三根钢丝捻制的钢绞线；（1×3）用三根刻痕钢丝捻制的钢绞线；（1×7）用七根钢丝捻制的标准型钢绞线；（1×7）C 用七根钢丝捻制又经模拔的钢绞线。如图 7-8 所示。

产品标记应包含下列内容：预应力钢绞线、结构代号、公称直径、强度级别、标准编号。

【例7-3】 公称直径为 15.20mm，强度级别为 1860MPa 的七根钢丝捻制的标准型钢绞线其标记为：

预应力钢绞线 1×7-15.20-1860-GB/T 5224-2014

【例7-4】 公称直径为 8.74mm，强度级别为 1670MPa 的三根刻痕钢丝捻制的钢绞线其标记为：

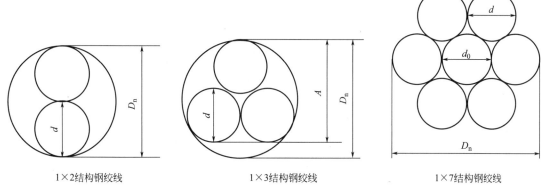

1×2结构钢绞线　　　　　　1×3结构钢绞线　　　　　　1×7结构钢绞线

图 7-8　预应力钢绞线截面图

预应力钢绞线 1×3I-8.74-1670-GB/T 5224-2014

【例 7-5】公称直径为 12.70mm，强度级别为 1860MPa 的七根钢丝捻制又经模拔的钢绞线其标记为：

预应力钢绞线（1×7）C-12.70-1860-GB/T 5224-2014

除非需方有特殊要求，钢绞线表面不得有油、润滑脂等物质。钢绞线允许有轻微的浮锈，但不得有目视可见的锈蚀麻坑。钢绞线表面允许存在回火颜色。

钢绞线的检验规则应按《钢及钢产品交货一般技术要求》GB/T 17505—2016 的规定。产品的尺寸、外形、质量及允许偏差、力学性能等均应满足《预应力混凝土用钢绞线》GB/T 5224—2014 的规定。

预应力钢丝和钢绞线强度高，并具有较好的柔韧性，质量稳定，施工简便，使用时可根据要求的长度切断。它主要适用于大荷载、大跨度、曲线配筋的预应力钢筋混凝土结构。

7.5.3　钢结构用钢材

钢结构构件一般应直接选用各种型钢。构件之间可直接或附连接钢板进行连接。连接方式有铆接、螺栓连接或焊接。所用母材主要是碳素结构钢及低合金高强度结构钢。

型钢有热轧和冷轧成型两种。钢板也有热轧（厚度为 0.35～200mm）和冷轧（厚度为 0.2～5mm）两种。

1. 热轧型钢

热轧型钢有角钢、工字钢、槽钢、T 型钢、H 型钢、Z 型钢等。如图 7-9 所示。

图 7-9　热轧型钢

我国建筑用热轧型钢主要采用碳素结构钢 Q235—A（含碳量为 0.14％～0.22％），其强度适中，塑性及可焊性较好、成本低，适合建筑工程使用。在钢结构设计规范中，推荐使用的低合金钢主要有两种：Q345（16Mn）及 Q390（15MnV），用于大跨度、承受动荷载的钢结构中。

热轧型钢的标记方式由一组符号组成，包括型钢名称、横断面主要尺寸。

工字钢："I"与高度值×腿宽度值×腰厚度值；

如：I450×150×11.5（简记为 I45a）。

槽钢："［"与高度值×腿宽度值×腰厚度值；

如：［200×75×9（简记为 ［20b）。

等边角钢："∠"与边宽度值×边宽度值×边厚度值；

如：∠200×200×24（简记为 L200×24）。

不等边角钢："∠"与长边宽度值×短边宽度值×边厚度值；

如：∠160×100×16。

2. 冷弯薄壁型钢

冷弯薄壁型钢通常是用 2～6mm 薄钢板冷弯或模压而成，有角钢、槽钢等开口薄壁型钢及方形、矩形等空心薄壁型钢。主要用于轻型钢结构。其标示方法及外形与热轧型钢相同。

3. 钢板、压型钢板

用光面轧辊轧制而成的扁平钢材，以平板状态供货的称钢板，以卷状供货的称钢带。按轧制温度不同，分为热轧和冷轧两种；热轧钢板按厚度分为厚板（厚度大于 4mm）和薄板（厚度为 0.35～4mm）两种；冷轧钢板只有薄板（厚度为 0.2～4mm）一种。

建筑用钢板及钢带主要是碳素结构钢。一些重型结构、大跨度桥梁、高压容器等也采用低合金钢板。一般厚板可用于焊接结构；薄板可用作屋面或墙面等围护结构，或用作涂层钢板的原材料；钢板还可用来弯曲为型钢。

薄钢板经冷压或冷轧成波形、双曲形、V 形等形状，称为压型钢板。彩色钢板（又称有机涂层薄钢板）、镀锌薄钢板、防腐薄钢板等都可用来制作压型钢板。其特点是：单位质量轻、强度高、抗震性能好、施工快、外形美观等。主要用于围护结构、楼板、屋面等。

7.6 钢材的腐蚀与防止

7.6.1 钢材的腐蚀

钢材的防锈

钢材表面与周围介质发生化学反应引起破坏的现象称作腐蚀。钢材腐蚀的现象普遍存在，如在大气中生锈，特别是当环境中有各种侵蚀性介质或湿度较大时，情况就更为严重。腐蚀不仅使钢材有效截面积均匀减小，还会产生局部锈坑，引起应力集中。腐蚀会显著降低钢的强度、塑性、韧性等力学性能。根据钢材与环境介质的作用原理，可分为化学腐蚀和电化学腐蚀。

1. 化学腐蚀

化学腐蚀指钢材与周围的介质（如氧气、二氧化碳、二氧化硫和水等）直接发生化学作用。生成疏松的氧化物而引起的腐蚀。在干燥环境中化学腐蚀的速度缓慢，但在温度高和湿度较大时腐蚀速度大大加快。

2. 电化学腐蚀

钢材由不同的晶体组织构成，并含有杂质，由于这些成分的电极电位不同，当有电解质溶液（如水）存在时，就会在钢材表面形成许多微小的局部原电池。

水是弱电解质溶液，而溶有 CO_2 的水则成为有效的电解质溶液，从而加速电化学腐蚀的过程。钢材在大气中的腐蚀，实际上是化学腐蚀和电化学腐蚀共同作用所致，但以电化学腐蚀为主。

7.6.2　防止钢材腐蚀的措施

1. 保护层法

利用保护层可使钢材与周围介质隔离，从而防止腐蚀。钢结构防止腐蚀的方法通常是表面刷防锈漆；薄壁钢材可采用热浸镀锌后加塑料涂层。对于一些行业（如电气、冶金、石油、化工等）的高温设备钢结构，可采用硅氧化合结构的耐高温防腐涂料。

2. 电化学保护法

对于一些不能和不易覆盖保护层的地方（如轮船外壳、地下管道、桥梁建筑等）、可采用电化学保护法，即在钢铁结构上接一块比钢铁更为活泼的金属（如锌、镁）作为牺牲阳极来保护钢结构。

3. 制成合金钢

在钢中加入合金元素铬、镍、钛、铜等，制成不锈钢，提高其耐腐蚀能力。另外，埋于混凝土中的钢筋在碱性的环境下会形成一层保护膜，可以防止锈蚀，但是混凝土外加剂中的氯离子会破坏保护膜，促进钢材的锈蚀。因此，在混凝土中应控制氯盐外加剂的使用，控制混凝土的水灰比和水泥用量，提高混凝土的密实性，还可以采用掺加防锈剂的方法防止钢筋的锈蚀。

思考及练习题 🔍

一、填空题

1. 钢材是以铁为主要元素，含碳量一般在_____以下，并含有其他元素的材料。

2. 钢按用途可分为结构钢、_____、特殊钢三类。

3. 钢材的主要性能主要包括_____和工艺性能。

4. _____是指钢材抵抗冲击荷载而不被破坏的能力。

答案

5. 冷弯性能指钢材在常温下承受_____的能力。

二、选择题

1. 钢材按质量等级分类，是指按钢中有害杂质（　　）的多少进行分类。

A. 氧、氮　　　　　　B. 硫、磷　　　　　　C. 铁、碳　　　　　　D. 锰、硅

2. 低碳钢是指含碳量小于（　　）％的钢材。

A. 0.10　　　　　　B. 0.20　　　　　　C. 0.25　　　　　　D. 0.30

3. 低碳钢拉伸处于（　　）时，其应力与应变成正比。

A. 弹性阶段　　　　B. 屈服阶段　　　　C. 强化阶段　　　　D. 颈缩阶段

4. 在弹性阶段中，钢材的应力和应变的比值称为（　　）。

A. 屈服强度　　　　B. 弹性模量　　　　C. 抗拉强度　　　　D. 伸长率

5. （　　）是钢材受拉时所能承受的最大应力值。

A. 屈服强度　　　　B. 抗压强度　　　　C. 抗拉强度　　　　D. 抗折强度

三、简答题

1. 钢材的主要优点有哪些？

2. 钢材的技术性质主要包括哪些？其各自包括哪些性能？

3. 钢的化学成分对钢的焊接性有哪些影响？

4. 碳含量对钢材有什么影响？

5. 简述钢材的腐蚀防护的必要性。

检测实训

任务：检测某工地钢筋拉伸性能和冷弯性能。

防水材料

1. 知识目标：

（1）掌握石油沥青的技术性质和建筑石油沥青的选用；

（2）掌握各类防水卷材、涂料及密封材料的组成、特点及分类。

2. 能力目标：

（1）能针对防水工程的特点正确恰当的选用沥青、卷材、涂料及密封材料；

（2）能够检验改性沥青防水卷材的基本性质，验收现场的沥青防水卷材。

思维导图

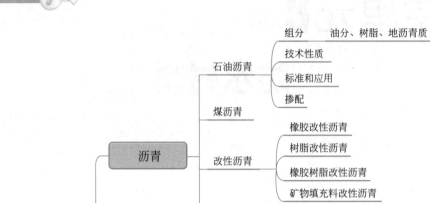

石油沥青 —— 组分　油分、树脂、地沥青质
　　　　　技术性质
　　　　　标准和应用
　　　　　掺配

煤沥青

改性沥青 —— 橡胶改性沥青
　　　　　树脂改性沥青
　　　　　橡胶树脂改性沥青
　　　　　矿物填充料改性沥青

沥青材料的贮运

沥青 —— 石油沥青、煤沥青、改性沥青、沥青材料的贮运

防水材料

沥青的质量检测 —— 针入度测定
　　　　　　　延度测定
　　　　　　　软化点测定

防水卷材 —— 沥青防水卷材
　　　　　高聚物改性沥青防水卷材
　　　　　合成高分子防水卷材

防水涂料 —— 沥青类防水涂料
　　　　　高聚物改性沥青防水涂料
　　　　　合成高分子防水涂料
　　　　　防水涂料的贮运及保管

建筑密封材料 —— 分类　塑性、弹塑性、弹性
　　　　　　　常用密封材料

引文

　　防水材料是指能防止雨水、雪水、地下水等对建筑物和各种构筑物的渗透、渗漏和侵蚀的材料，本单元主要介绍柔性防水材料，按主要成分可分为沥青防水材料、高聚物改性沥青防水材料及合成高分子防水材料三大类。

8.1 沥青

沥青的
分类

　　沥青是一种有机胶凝材料，具有防潮、防水、防腐的性能，广泛用作交通、水利及工业与民用建筑工程中的防潮、防腐、防水材料。常温下呈黑色或褐色的固体、半固体或黏稠液体。

　　沥青材料可分为地沥青和焦油沥青两大类。地沥青包括天然沥青和石油沥青；焦油沥青包括煤沥青、木沥青、泥炭沥青、页岩沥青。工程中使用最多的是石油沥青和煤沥青，石油沥青的防水性能好于煤沥青，但煤沥青的防腐、粘结性能好。

8.1.1　石油沥青

1. 石油沥青的组分

　　将沥青中化学成分及性质极为相近，并且与物理力学性质有一定关系的成分，划分为若干个组，这些组就称为"组分"。各组分的含量多少会直接影响沥青的性质。

　　石油沥青的组分一般分为油分、树脂、地沥青质三大组分。

　　(1) 油分。油分为淡黄色至红褐色的油状液体，是沥青中分子量最小和密度最小的组分。油分赋予沥青以流动性。

　　(2) 树脂（沥青脂胶）。沥青脂胶为黄色至黑褐色黏稠状物质（半固体），分子量比油分大（600～1000），密度为 $1.0～1.1g/cm^3$，它赋予沥青以良好的粘结性、塑性和可流动性。中性树脂含量增加，石油沥青的延度和粘结力等品质愈好。沥青脂胶使石油沥青具有良好的塑性和粘结性。

　　(3) 地沥青质（沥青质）。地沥青质为深褐色至黑色固态无定形物质（固体粉末），分子量比树脂更大（1000 以上），密度大于 $1g/cm^3$，不溶于酒精。地沥青质是决定石油沥青温度敏感性、黏性的重要组成部分，其含量愈多，则软化点愈高，黏性愈大，即愈硬脆。

　　石油沥青中还含有蜡，它会降低石油沥青的粘结性和塑性，同时对温度特别敏感（即温度稳定性差），所以蜡是石油沥青的有害成分。各组分的主要特性及作用见表 8-1。

石油沥青的组分及其主要特性

表 8-1

组分		状态	颜色	密度(g/cm³)	含量(%)	作用
油分		黏性液体	褐黄色至红褐色	小于 1	40～60	使石油沥青具有流动性
树脂	酸性	黏稠固体	红褐色至黑褐色	略大于 1	15～30	使石油沥青与矿物的黏附性提高
	中性					使石油沥青具有黏附性和塑性
地沥青质		粉末颗粒	深褐色至黑褐色	大于 1	10～30	能提高石油沥青的黏性和耐热性；含量提高，使塑性降低

　　石油沥青的状态随温度不同也会改变。温度升高，固体石油沥青中的易熔成分逐渐变为液体，使石油沥青流动性提高；当温度降低时，它又恢复为原来的状态。石油沥青中各组分不稳定，会因环境中的阳光、空气、水等因素作用而变化，油分、树脂减少，地沥青质增多，这一过程称为"老化"。这时，石油沥青的塑性降低，脆性增加，变硬，出现脆裂，失去防水、防腐蚀效果。

2. 石油沥青的技术性质

　　为了适应工程应用，建筑用石油沥青应符合黏滞性、塑性、温度敏感性、大气稳定性和施工安全性等方面的技术要求，具体如图 8-1 所示。

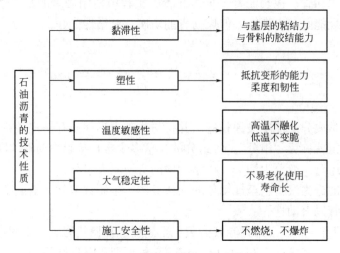

图 8-1　石油沥青的主要技术性质

（1）黏滞性

黏滞性是指石油沥青在外力作用下抵抗发生变形的能力，又称黏性。沥青黏滞性的大小主要由它的组分和温度来确定，一般沥青质含量增大，其黏滞性增大；温度升高，其黏滞性降低。

液体石油沥青的黏滞性用黏滞度表示，如图 8-2 所示；半固体或固体石油沥青的黏滞性用针入度表示，如图 8-3 所示。

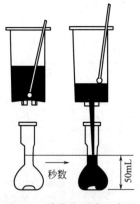

图 8-2　黏滞度测定示意图

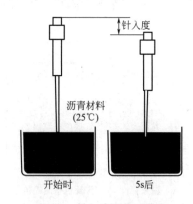

图 8-3　针入度测定示意图

黏滞度是液态沥青在一定温度下，经规定直径的孔洞漏下 50mL 所需要的时间（s）。

针入度是指在温度为 25℃ 的条件下，以质量 100g 的标准针，经 5s 沉入沥青中的深度，每深入 0.1mm 称为 1 度。针入度越大，说明沥青流动性越大，黏滞性越小。针入度范围在 5～200 度之间。它是很重要的技术指标，是沥青划分牌号的主要依据。

（2）塑性

塑性是指石油沥青在外力作用下，产生变形而不破坏的能力。石油沥青的塑性对冲击振动荷载有一定吸收能力，并能减少摩擦时的噪声，故石油沥青是一种优良的道路路面材料。

石油沥青的塑性用延伸度表示，简称延度。其测定方法是将标准"8"字形试件，在一定温度（25℃）和一定拉伸速度（50mm/min）下拉断。试件拉断时延伸的长度，用"cm"表示，即为延度，如图 8-4 所示。延度越大，塑性越好。

（3）温度敏感性

温度敏感性是指石油沥青的黏滞性和塑性随温度升降而变化的性能。温度敏感性用软化点表示，即石油沥青由固态变为具有一定流动性的膏体时的温度。软化点通常用"环球法"测定，如图 8-5 所示。该法是将沥青试样装入规定尺寸的铜环中，上置规定尺寸的钢球，放在水或甘油中，以 5℃/min 的升温速度，加热至石油沥青软化，下垂达 25.4mm 时的温度即为软化点。

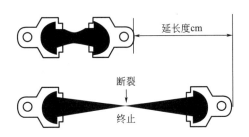

图 8-4 延伸度测定示意图

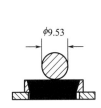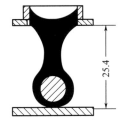

图 8-5 软化点测定示意图（单位：mm）

（4）大气稳定性

大气稳定性是指沥青长期在阳光、空气、温度等的综合作用下抵抗老化的性能，它反映沥青材料的耐久性。

（5）施工安全性

在实际施工中，沥青拌合厂加热沥青经常为 150～170℃，甚至更高，沥青中挥发出的可燃性气体与空气混合，当达到一定浓度后，遇火即会发生闪火甚至燃烧、爆炸等安全事故。为保证沥青加热质量和施工安全，须测定沥青的闪点。闪点是反映道路沥青在施工过程中安全性能的指标。

3. 石油沥青的技术标准和应用

石油沥青的主要技术标准以针入度、相应的软化点和延伸度等来表示，见表 8-2。

石油沥青技术指标　　　　　　　　　表 8-2

项目	道路石油沥青 （SH 0522-2010）					建筑石油沥青 （GB/T 494-2010）		
	200 号	180 号	140 号	100 号	60 号	10	30	40
针入度（25℃，100g，5s） （0.1mm）	200～300	150～200	110～150	80～110	50～80	10～25	25～40	36～50
延度（25℃）(cm) 不小于	20	100	100	90	70	1.5	2.5	3.5
软化点（环球法）(℃) 不低于	30～48	35～48	38～51	42～55	45～58	95	75	60
溶解度（三氯乙烯、三氯甲烷或苯）(%) 不小于	99.0					99.0		

续表

项目	道路石油沥青 (SH 0522-2010)					建筑石油沥青 (GB/T 494-2010)		
	200号	180号	140号	100号	60号	10	30	40
蒸发损失(163℃,5h),不大于(%)	1	1	1	1	1		1	
闪点(开口)(℃)不低于	180	200	230	230	230		260	
蜡含量(%)不大于	4.5					—		

注:1. 当25℃延伸度达不到100cm时,如15℃延伸度不小于100cm也认为是合格的。
2. 测定蒸发损失后的样品针入度与原针入度之比乘以100,即得出残留物针入度占原针入度的百分数,称为蒸发后针入度比。

在施工现场,应掌握石油沥青质量、牌号的鉴别方法,见表8-3,以便正确使用。道路石油沥青黏性差,塑性好,容易浸透和乳化,但弹性、耐热性和温度稳定性较差,主要用来拌制各种沥青混凝土或沥青砂浆,修筑路面和各种防渗、防护工程。还可用来配制填缝材料、粘结剂和防水材料。建筑石油沥青具有良好的防水性、粘结性、耐热性及温度稳定性,但黏度大,延伸变形性能较差,主要用于屋面和各种防水工程,并用来制造防水卷材,配制沥青胶和沥青涂料。

石油沥青的质量及牌号鉴别   表 8-3

项目		鉴别方法
形态	固态	敲碎,检查其断口,色黑而发亮的质好;暗淡的质差
	半固态	即膏状体,取少许,拉成细丝,丝愈长,愈好
	液态	黏性强,有光泽,没有沉淀和杂质的较好;也可用一小木条插入液体中,轻轻搅动几下,提起,丝越长,越好
牌号	200~100	质软
	60	用铁锤敲,不碎,质出现凹坑而变形
	30	用铁锤敲,成为较大的碎块
	10	用铁锤敲,成为较小的碎块,表面色黑有光

4. 石油沥青的掺配

在实际应用中,当不能获得合适牌号的沥青时,可采用两种石油沥青掺配使用,但不能与煤沥青相掺。两种石油沥青的掺配比例可用下式估算:

$$Q_1 = \frac{T_2 - T}{T_2 - T_1} \times 100\%$$

$$Q_2 = 100\% - Q_1$$

式中　Q_1——较软石油沥青用量,%;

　　　Q_2——较硬石油沥青用量,%;

　　　T_1——较软石油沥青的软化点,℃;

　　　T_2——较硬石油沥青的软化点,℃;

　　T——要求配置沥青的软化点，℃。

以估算的掺配比例和其邻近的比例（±5%～±10%）进行试配（混合熬制均匀），测定掺配沥青的软化点，然后绘制"掺配比-软化点"曲线，即可从曲线上确定出所要求的掺配比例，同样地也可采用针入度指标按上法估算及试配。

8.1.2　煤沥青

　　煤沥青是炼焦或生产煤气的副产品，烟煤干馏时所挥发的物质冷凝为煤焦油，煤焦油经分馏加工，提取出各种油质后的残渣即为煤沥青。煤沥青与石油沥青的主要区别见表 8-4。煤沥青中含有酚，有毒，防腐性好，适用于地下防水层或作防腐蚀材料。

煤沥青与石油沥青的主要区别　　　　　　　　　　　　表 8-4

性质	石油沥青	煤沥青
密度（g/cm³）	近于 1.0	1.25～1.28
锤击	韧性较好	韧性差，较脆
颜色	灰亮褐色	浓黑色
溶解	易溶于汽油、煤油中，呈棕黑色	难溶于汽油、煤油中，呈黄绿色
温度敏感性	较好	较差
燃烧	烟少，无色，有松香味，无毒	烟多，黄色，臭味大，有毒
防水性	好	较差（含酚，能溶于水）
大气稳定性	较好	较差
抗腐蚀性	差	较好

8.1.3　改性沥青

　　改性是指对沥青进行氧化、乳化、催化，或者掺入橡胶、树脂等物质，使得沥青的性质发生不同程度的改善，得到的产品称为改性沥青。

1. 橡胶改性沥青

掺入橡胶（天然橡胶、丁基橡胶、氯丁橡胶、丁苯橡胶、再生橡胶）的沥青，使沥青具有一定橡胶特性，改善其气密性、低温柔性、耐化学腐蚀性，耐光、耐气候性、耐燃烧性，可用于制作卷材、片材、密封材料或涂料。

2. 树脂改性沥青

用树脂改性沥青，可以提高沥青的耐寒性、耐热性、粘结性和不透水性，常用品种有聚乙烯、聚丙烯、酚醛树脂等改性沥青。

3. 橡胶树脂改性沥青

在沥青中同时加入橡胶和树脂，可使沥青同时具备橡胶和树脂的特性，性能更加优良。主要产品有片材、卷材、密封材料、防水涂料。

4. 矿物填充料改性沥青

矿物填充料改性沥青是指为了提高沥青的粘结力和耐热性，减小沥青的温度敏感性，加入一定数量矿物填充料（滑石粉、石灰粉、云母粉、硅藻土）的沥青。

8.1.4 沥青材料的贮运

沥青贮运时，应按不同的品种及牌号分别堆放，避免混放混运，贮存时应尽可能避开热源及阳光照射，还应防止其他杂物及水分混入。沥青热用时其加热温度不得超过最高加热温度，加热时间不宜过长，同时避免反复加热，使用时要防火，对于有毒性的沥青材料还要防止中毒。

8.2 沥青的质量检测

8.2.1 沥青的针入度测定

1. 试验目的

通过测定沥青针入度可以评定其黏滞性，并依据针入度值确定沥青的牌号。

2. 仪器设备

针入度仪、标准针、恒温水浴、试样皿、平底玻璃皿、温度计、秒表、石棉筛、可控制温度的砂浴或密闭电炉等。

3. 试样制备

（1）将预先除去水分的试样在砂浴或密闭电炉上加热，并不断搅拌以防局部过热，加热到使样品能够流动。加热时焦油沥青的加热温度不超过软化点的 60℃，石油沥青不超过软化点的 90℃，加热时间不超过 30min。加热和搅拌过程中避免试样中进入气泡。

（2）将试样倒入预先选好的试样皿内，试样深度应大于预计穿入深度 10mm。

（3）将试样皿在 15～30℃的空气中冷却 1～1.5h（小试样皿）或 1.5～2h（大试样皿），在冷却中应遮盖试样皿，以防落入灰尘。然后将试样皿和平底玻璃皿一起放入保持试验温度的恒温水浴中，水面应高于试样表面 10mm 以上，恒温 1～1.5h（小试样皿）或1.5～2h（大试样皿）。

4. 试验步骤

（1）调整针入度仪的水平，检查针连杆和导轨，以确认无水和其他外来物，无明显摩擦。用合适的溶剂清洗标准针，用干净的布将其擦干，把标准针插入针连杆中固紧。

（2）将已恒温到试验温度的试样皿和平底玻璃皿从水槽中取出，放置在针入度仪的平台上。慢慢放下针连杆，使针尖刚好与试样表面接触，必要时用放置在合适位置的光源反射来观察。拉下刻度盘的活杆，使其与针连杆顶端轻轻接触，调节刻度盘的指针指零。

（3）用手紧压按钮，同时开动秒表，使标准针自由下落穿入沥青试样，到规定时间（5s）停压按钮使标准针停止移动。

（4）拉下刻度盘活杆与针连杆顶端接触，此时刻度盘指针的读数即为试样的针入度，用 1/10mm 表示。

（5）同一试样至少重复测定三次，各测点间的距离及测定点与试样皿边缘之间的距离都不得小于 10mm。每次试验前都应将试样和平底玻璃皿放入恒温水浴中，每次试验都应采用干净的针。

5. 结果评定

以三次试验结果的平均值作为该沥青的针入度。三次试验所测针入度的最大值与最小值之差不应大于表 8-5 中的数值。如差值超过表中数值，则试验须重做。

针入度测定最大允许差值　　　　　　　　　　　表 8-5

针入度	0～49	50～149	150～249	250～350
最大允许差值	2	4	6	8

8.2.2　沥青延度测定

1. 试验目的

通过测定沥青的延度，可以评定其塑性的好坏，并依据延度值确定沥青的牌号。

2. 仪器设备

延度仪、模具、恒温水浴、温度计、金属筛网、隔离剂等。

3. 试样制备

（1）将模具组装在支撑板上，将隔离剂拌和均匀，涂于支撑板表面及侧模的内表面，以防沥青涂在模具上。

（2）与针入度试验相同的方法准备沥青试样，待试样呈细流状，把试样倒入模具中，自模的一端至另一端往返注入，并使试样略高出模具。

（3）试样在 15～30℃ 的空气中冷却 30～40min，然后置于规定试验温度的恒温水浴中，保持 30min 后取出，用热的直刀将高出模具的沥青刮走，使沥青面与模具面齐平。沥青的刮法应自中间向两端，表面应刮得十分平滑。

（4）将支撑板、模具和试件一起放入水浴中，并在试验温度（25±5）℃下保持 85～95min，然后从板上取下试件，拆掉侧模，立即进行拉伸试验。

4. 检测步骤

（1）检查延度仪拉伸速度是否满足要求 [一般为（5+0.5）cm/min]，然后移动滑板使其指针对准标尺的零点。将延度仪水槽注水，并保持水温在试验温度的 ±0.5℃ 的范围内。

（2）将试件移至延度仪水槽中，然后从支撑板上取下试件，将模具两端的孔分别套在实验仪器的柱上，试件距水面与水底的距离应不小于 25mm，然后去掉侧模。

（3）测得水槽中水温为试验温度的 ±0.5℃ 范围内时，开动延度仪（此时仪器不得有振动），观察沥青的拉伸情况。在测定时，如发现沥青细丝浮于水面或沉入槽底，应在水中加入乙醇或食盐调整水的密度至与试样的密度相近后，再重新试验。

（4）试件拉断时指针所指标尺上的读数，即为试件的延度，以"cm"表示。在正常情况下，试件应拉伸成锥形，在断裂时实际横断面面积接近于零。如果三次试验不能得到上述结果,则报告在该条件下延度无法测定。

5. 结果评定

若3个试件测定值在其平均值的5%内,取其平均值作为测定结果。若3个测定值不在其平均值的5%以内,但其中两个较高值在平均值的5%以内,则可弃掉最低值,取两个较高值的平均值作为测定结果,否则重新测定。

8.2.3 沥青软化点测定

1. 试验目的

通过测定沥青的软化点,可以评定其温度敏感性并依据软化点值确定沥青的牌号,也可作为在不同温度下选用沥青的重要技术指标之一。

2. 仪器设备

钢球、试样环、支撑板、钢球定位器、浴槽、环支撑架和支架、电炉或其他加热器、温度计、技术筛网、隔离剂等。

3. 试样制备

(1) 将试样环置于涂有隔离剂的黄铜支撑板上,将沥青试样(准备方法同针入度试验)注入试样环内至略高于环面为止(如估计软化点在120℃以上时,应将试样环及支撑板预热至80~100℃)。

(2) 将试样在室温冷却30min后,用加热的小刀刮去高出环面的试样,务必使之与环面齐平。

(3) 估计软化点不高于80℃的试样,将盛有试样的试样环及支撑板置于盛满水的保温槽内,水温保持(5±0.5)℃,恒温15min;估计软化点高于80℃的试样,将盛有试样的试样环及支撑板置于盛满甘油的保温槽内,水温保持(32±1)℃,恒温15min。或将盛有试样的试样环水平地安放在试验架中层板的圆孔上,然后放在浴槽中,恒温15min,温度要求同保温槽。

(4) 浴槽内注入新煮沸并冷却至5℃的蒸馏水(估计软化点不高于80℃的试样),或注入预先加热至32℃的甘油(估计软化点高于80℃的试样),使水面甘油液面略低于连接杆上深度标记。

4. 检测步骤

(1) 从水中或甘油保温槽中,取出盛有试样的试样环放置在环架中层板的圆孔中,为了使钢球位置居中,应套上钢球定位器,然后把整个环架放入浴槽中,调整水面或甘油面至连接杆上的深度标记,环架上任何部分不得有气泡。再将温度计由上层板中心孔垂直插入,使水银球底部与试样环下部齐平。

(2) 将浴槽移放至有石棉网的电炉或三脚架煤气灯上,然后将钢球放在试样上(务使各环的平面在全部加热时间内处于水平状态)立即加热,使浴槽内水或甘油温度上升速度在3min内保持(5±0.5)℃/min,在整个测定过程中如温度的上升速度超过此范围时,则试验应重做。

(3) 试样受热软化,包裹沥青试样的钢球在重力作用下,下降至与下层底板表面接触时的温度即为试样的软化点。

5. 结果评定

取平行测定两个结果的算术平均值作为测定结果。平行测定的两个结果的偏差不得大于下列规定：软化点低于 80℃时，允许差值为 0.5℃；软化点高于或等于 80℃时，允许差值为 1℃。否则试验重做。

8.3　防水卷材

防水卷材是一种可卷曲的片状防水材料，是建筑防水材料的重要品种之一，它占整个建筑防水材料的 80% 左右。按组成材料可分为沥青防水卷材、高聚物改性沥青防水卷材、合成高分子防水卷材三大类，如图 8-6 所示。

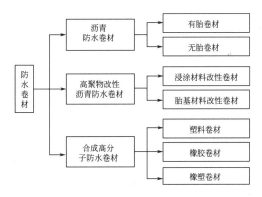

图 8-6　防水卷材的分类

8.3.1　沥青防水卷材

沥青防水卷材是在基胎（原纸或纤维织物等）浸涂沥青后，在表面撒布粉状或片状隔离材料制成的一种防水卷材。

沥青防
水卷材

1. 石油沥青纸胎油纸、油毡（简称油纸、油毡）

油纸是用低软化点石油沥青浸渍原纸（一种生产油毡的专用纸）而制成的一种无涂盖层的防水卷材。油纸按原纸 1m² 的质量克数分为 200、350 两个标号。油纸多适用于防潮层。

油毡是采用高软化点沥青涂盖油纸的两面，再涂撒隔离材料所制成的一种纸胎防水材料。涂撒粉状材料（如滑石粉）的称为"粉毡"，涂撒片状材料（如云母）的称为"片毡"。

油毡的幅宽分为 915mm 和 1000mm 两种规格。

油毡按卷重和物理性能分为Ⅰ型、Ⅱ型、Ⅲ型三种标号。Ⅰ型油毡适用于简易防水或临时性建筑防水、防潮；Ⅱ型和Ⅲ型油毡常用作多层防水。石油沥青油毡的技术性能见表 8-6。

石油沥青纸胎油毡的物理性能 　　　　　　　　　　　　表 8-6

项目			指标		
			Ⅰ型	Ⅱ型	Ⅲ型
单位面积浸涂材料总量(g/m²)		≥	600	750	1000
不透水性	压力(MPa)	≥	0.02	0.02	0.10
	保持时间(min)	≥	20	30	30
吸水率(%)		≤	3.0	2.0	1.0
耐热度			(85±2)℃,2h涂盖层无滑动、流淌和集中性气泡		
拉力(纵向)(N/50mm)		≥	240	270	340
柔度			(18±2)℃,绕 φ20mm 棒或弯板无裂纹		

注：本标准Ⅲ型产品物理性能要求为强制性，其余为推荐性。

2. 石油沥青玻璃布油毡（简称玻璃布油毡）

用石油沥青浸渍玻璃丝薄毡和玻璃布的两面，并撒以粉状防粘物质而成。玻璃布油毡的抗拉强度高于 500 号纸胎油毡，还具有柔性好、耐腐蚀性强、耐久性高的特点。这种油毡适用于地下防水层、防腐层及屋面防水等。

3. 铝箔面油毡

铝箔面油毡是采用玻纤毡为胎基，浸涂氧化沥青，在其表面用压纹铝箔贴面，底面撒以细颗粒矿物材料或覆盖聚乙烯（PE）膜，制成一种具有反射和装饰功能的防水卷材。油毡幅宽为 1000mm，按每卷标称质量（kg）分为优等品（A）、一等品（B）和合格品（C）三个等级，各等级的质量要求应符合《铝箔面石油沥青防水卷材》JC/T 504—2007 规定。30 号油毡适用于多层防水工程的面层；40 号油毡适用于单层或多层防水工程的面层。

4. 再生胶油毡

再生胶油毡是无胎油毡，它是由废橡胶粉掺入石油沥青，经高温脱硫为再生胶，再掺入填料经炼胶机混炼，以压延机压延而成的一种质地均匀的防水卷材。它的延伸性大、低温柔性好、耐腐蚀性强、耐水性及耐热性高，适用于屋面及地下有缝的防水层，尤其适用于沉降变形较大或沉降不均匀的建筑物中的变形缝防水。

8.3.2 高聚物改性沥青防水卷材

高聚物改性沥青防水卷材

高聚物改性沥青防水卷材是以合成高分子聚合物改性沥青为涂盖层，纤维织物或纤维毡为胎体，粉状、粒状、片状或薄膜材料为覆面材料制成的可卷曲的片状防水材料，属新型中档防水材料。

高聚物改性沥青防水卷材克服了沥青防水卷材的温度稳定性差、延伸率小，难以适应基层开裂及伸缩的缺点，具有高温不流淌、低温不脆裂、拉伸强度较高、延伸率较大等优异性能。

1. 弹性体改性沥青防水卷材（SBS）

弹性体改性沥青防水卷材（SBS）是以玻纤毡或聚酯毡为胎基，以苯乙烯-丁二烯-苯乙烯（SBS）热塑性弹性体作改性剂，两面覆以隔离材料所制成的建筑防水卷材，简称 SBS 卷材。

SBS 卷材按胎基分为聚酯胎（PY）、玻纤胎（G）和玻纤增强聚酯毡（PYG）三类。按上表面隔离材料分为聚乙烯膜（PE）、细砂（S）与矿物粒料（M）三种，下表面隔离材料为聚乙烯膜（PE）、细砂（S）。

SBS 卷材公称宽度 1000mm，聚酯胎卷材公称厚度为 3mm、4mm 和 5mm，玻纤胎卷材公称厚度为 3mm 和 4mm，玻纤增强聚酯毡公称厚度为 5mm。每卷面积为 $15m^2$、$10m^2$ 和 $7.5m^2$ 三种。按物理力学性能分为 Ⅰ 型和 Ⅱ 型，其性能见表 8-7 的规定。

SBS 弹性体沥青防水卷材物理力学性能 　　　　表 8-7

序号	项目		Ⅰ		Ⅱ		
			PY	G	PY	G	PYG
1	可溶物含量(g/m²)≥	3mm	2100			—	
		4mm	2900			—	
		5mm	3500				
		试验现象	—	胎基不燃	—	胎基不燃	
2	耐热性	温度(℃)	90		105		
		不大于	2mm				
		试验现象	无流淌、滴落				
3	低温柔性(℃)		—20		—25		
			无裂缝				
4	不透水性(30min)		0.3MPa	0.2MPa	0.3MPa		
5	拉力(N/50mm)	最高峰拉力	500	350	800	500	900
		次高峰拉力	—	—	—	—	800
		试验现象	拉伸过程中,试件中部无沥青涂盖层开裂或胎基分离现象				
6	延伸率(%) 不小于	最大峰时延伸率	30		40		—
		第二峰时延伸率	—				15
7	浸水后质量增加	PE、S	1.0				
		M	2.0				
8	热老化	拉力保持率(%)	≥90				
		延伸率保持率(%)	≥80				
		低温柔性(℃)	—15		—20		
			无裂缝				
		尺寸变化率(%)	0.7	—	0.7	—	0.3
		质量损失(%)	1.0				
9	渗油性	张数	≤2				
10	接缝剥离强度(N/mm)		≥1.5				
11	钉杆撕裂强度ᵃ(N) ≥		—				300

续表

序号	项目		I		II		
			PY	G	PY	G	PYG
12	矿物粒料黏附性[b](g) ≤		2.0				
13	卷材下表面沥青涂盖层厚度[c](mm)		1.0				
14	人工气候加速老化	外观	无滑动、流淌、滴落				
		拉力保持率(%)	80				
		低温柔性(℃)	−15		−20		
			无裂缝				

a. 仅适用于单层机械固定施工方式防水卷材;
b. 仅适用于矿物粒料表面的卷材;
c. 仅适用于热熔施工的卷材

　　SBS卷材机械性能好,耐水性、耐腐蚀性能也很好,弹性和低温性能有明显改善。主要适用于工业与民用建筑的屋面及地下防水工程,尤其适用于北方寒冷地区建筑物的防水。

　　2. 塑性体改性沥青防水卷材(APP)

　　塑性体改性沥青防水卷材是以聚酯毡或玻纤毡为胎基、无规聚丙烯(APP)或聚烯烃类聚合物作改性剂,两面覆以隔离材料所制成的建筑防水卷材,简称APP卷材。APP卷材的品种、规格与SBS卷材相同;其物理力学性能应符合国家标准《塑性体改性沥青防水卷材》GB 18243—2008的规定,见表8-8。

APP卷材物理力学性能　　　　　　　　表8-8

序号	项目		I		II		
			PY	G	PY	G	PYG
1	可溶物含量(g/m²)≥	3mm	2100				—
		4mm	2900				—
		5mm	3500				
		试验现象	—	胎基不燃	—	胎基不燃	
2	耐热性	温度(℃)	110		130		
		不大于	2mm				
		试验现象	无流淌、滴落				
3	低温柔性(℃)		−7		−15		
			无裂缝				
4	不透水性(30min)		0.3MPa	0.2MPa	0.3MPa		
5	拉力(N/50mm)	最高峰拉力	500	350	800	500	900
		次高峰拉力	—	—	—	—	800
		试验现象	拉伸过程中,试件中部无沥青涂盖层开裂或胎基分离现象				

续表

序号	项目		I		II		
			PY	G	PY	G	PYG
6	延伸率(%) 不小于	最大峰时延伸率	25	—	40	—	—
		第二峰时延伸率	—	—	—	—	15
7	浸水后质量增加	PE、S	1.0				
		M	2.0				
8	热老化	拉力保持率(%)	≥90				
		延伸率保持率(%)	≥80				
		低温柔性(℃)	−2		−10		
			无裂缝				
		尺寸变化率(%)	0.7	—	0.7	—	0.3
		质量损失(%)	1.0				
9	渗油性	张数	≤2				
10	接缝剥离强度(N/mm)		≥1.0				
11	钉杆撕裂强度[a]/N　≥		—				300
12	矿物粒料黏附性[b]g　≤		2.0				
13	卷材下表面沥青涂盖层厚度[c]/mm		1.0				
14	人工气候加速老化	外观	无滑动、流淌、滴落				
		拉力保持率(%)	80				
		低温柔性(℃)	−2		−10		
			无裂缝				

a. 仅适用于单层机械固定施工方式防水卷材；
b. 仅适用于矿物粒料表面的卷材；
c. 仅适用于热熔施工的卷材

塑性体（APP）改性沥青防水卷材与弹性体（SBS）改性沥青防水卷材相比，耐低温性稍低，耐热度更好，而且有良好的耐紫外线老化性能，除适用于一般屋面和地下防水工程外，更适用于高温炎热或有紫外线辐照地区的建筑物的防水。

3. 高聚物改性沥青防水卷材的贮存、运输和保管

不同品种、等级、标号、规格的产品应有明显标记，不得混放；卷材应存放在远离火源、通风、干燥的室内，防止日晒、雨淋和受潮；卷材必须立放，高度不得超过两层，不得倾斜或横压，运输时平放不宜超过 4 层；应避免与化学介质及有机溶剂等有害物质接触。

8.3.3　合成高分子防水卷材

合成高分子防水卷材是以合成橡胶、合成树脂或它们两者的共混体为基料，加入适量的化学助剂和填充料等，经不同工序加工而成可卷曲的片状防水材料；或把上述材料与合成纤维等复合形成两层或两层以上可卷曲的片状防水材料。

合成高分子防水卷材是新型防水卷材的主要组成部分，在我国防水材料工业中仍处于发展、上升阶段。由于其具有拉伸性能好、耐老化、耐穿刺和施工方便、机械化程度高等优点，已被广泛用于建筑各领域，使用量逐年均有较大幅度提高。

1. 三元乙丙橡胶（EPDM）防水卷材

三元乙丙橡胶防水卷材是以三元乙丙橡胶或掺入适量的丁基橡胶为基本原料，加入硫化剂、促进剂、软化剂、补强剂和填充料等，经密炼、压延或挤出成型、硫化和分卷包装等工序而制成的一种高强高弹性的防水卷材。三元乙丙橡胶防水卷材有硫化型（JL）和非硫化型（JF）两类。规格中厚度有 1.0mm、1.2mm、1.5mm、1.8mm、2.0mm；宽度有1.0m、1.1m、1.2m；长度为 20m。其主要物理性能见表 8-9。

三元乙丙橡胶防水卷材的主要物理性能 表 8-9

序号	项目		指标	
			一等品	合格品
1	拉伸强度(MPa)，纵横向均应≥		8	7
2	断裂延伸率(%)，纵横向均应≥		450	450
3	不透水性	0.3MPa,30min	不透水	—
		0.1MPa,30min	—	不透水
4	粘合性能(胶与胶)	无处理	合格	合格
5	低温弯折性	−40℃	无断裂或裂纹	无断裂或裂纹

三元乙丙橡胶卷材是耐老化性能最好的一种卷材，使用寿命可达 30 年以上。它具有防水性好、质量轻（$1.2\sim2.0$ kg/m^2）、耐候性好、耐臭氧性好、弹性和抗拉强度好（大于 7.5 MPa）、抗裂性强（延伸率在 450% 以上）、耐酸碱腐蚀等特点，广泛应用于工业和民用建筑的屋面工程，适合于外露防水层的单层或是多层防水，如易受振动易变形的建筑防水工程，有刚性防水层或倒置式屋面及地下室、桥梁、隧道防水，并可以冷施工，目前在国内属于高档防水材料。

2. 聚氯乙烯（PVC）防水卷材

聚氯乙烯防水卷材是以聚氯乙烯树脂为主要原料，掺加适量的改性剂、增塑剂和填充料等，经混炼、造粒、挤出压延、冷却及分卷包装等工序制成的各种颜色的柔性防水卷材。

PVC 防水卷材根据基料的组成分为两种类型：S 型和 P 型。S 型是以焦油与聚氯乙烯溶料为基料的柔性卷材，其厚度有 1.5mm、2.0mm、2.5mm 等；P 型以增强聚氯乙烯为基料的塑性卷材，其厚度有 1.2mm、1.5mm、2.0mm 等。PVC 防水卷材的宽度为1000mm、1200mm、1500mm 等。

聚氯乙烯防水卷材具有抗拉强度高，伸长率好，低温柔韧性好，使用寿命长及尺寸稳定性、耐热性、耐腐蚀性等优点。与三元乙丙防水卷材相比，PVC 卷材的综合防水性能略差，但其原料丰富，价格较为便宜。

聚氯乙烯防水卷材适用于工业与民用建筑的各种屋面防水、建筑物地下防水以及屋面的维修，比如水渠防渗、公路隧道、工作塔、筒仓、垃圾填埋场等防水防渗工程。

3. 氯化聚乙烯防水卷材

氯化聚乙烯防水卷材是以氯化聚乙烯树脂为主体，加入适量的硫化剂、促进剂、稳定剂、软化剂和填充料，经混炼、过滤、压延或挤出成型、硫化等工序制成的高弹性防水卷材。

氯化聚乙烯防水卷材具有良好的耐候性、耐臭氧性、耐老化性、耐油性、耐化学法实现及抗撕裂的性能。冷粘结作业，施工方便，无大气污染，是一种便于粘结成为整体防水层的卷材，有利于保证防水工程质量。

氯化聚乙烯防水卷材适用于各种工业与民用建筑物、构筑物单层或双层的外露不上人的新建或翻修屋面的防水，也适用于有保护层的上人屋面防水、地下室、地下车库、隧道、游泳池或水库等项目工程的防水。

除了以上三种典型品种外，合成高分子防水卷材还有很多种类，它们原则上都是塑料或橡胶经过改性，或两者复合以及多种材料复合所制成的能满足土木工程防水要求的制品。常见的合成高分子防水卷材的特点和适用范围见表 8-10。

常见合成高分子防水卷材的特点和适用范围　　　　表 8-10

卷材名称	特点	适用范围	施工工艺
三元乙丙橡胶（EPDM）防水卷材	防水性能优越，耐候性好，耐臭氧性好，耐化学腐蚀性好，弹性和抗拉强度高，对基层变形开裂的适应性强，质量轻，使用温度范围宽，寿命长，但价格高，粘结材料尚需配套完善	防水要求较高，防水层用年限要求较长的工业与民用建筑，单层或复合使用	冷粘法或自粘法
聚氯乙烯（PVC）防水卷材	具有较高的拉伸和撕裂强度，延伸率较大，耐老化性能好，原材料丰富，价格便宜，容易粘结	单层或复合使用于外露或有保护层的防水工程	冷粘法或热风焊接法施工
氯化聚乙烯防水卷材	具有良好的耐候性、耐臭氧性、耐老化线、耐油性、耐化学腐蚀及抗撕裂的性能	单层或复合使用，宜用于紫外线强的炎热地区	冷粘法施工
丁基橡胶防水卷材	有较好的耐候性、耐油性、抗拉强度和延伸率，耐低温性能稍低于三元乙丙卷材	单层或复合使用于要求较高的防水工程	冷粘法施工
氯化聚乙烯—橡胶共混防水卷材	不但具有氯化聚乙烯特有的高强度和优异的耐臭氧、耐老化性能，而且具有橡胶所特有的高弹性、高延伸性以及良好的低温柔性	单层或复合使用，尤其宜用于寒冷地区或变形较大的防水工程	冷粘法施工

8.4　防水涂料

防水涂料在防水界的概念是相对于传统的以单一沥青为主要成分的防水涂料而言的，系指以高分子合成材料为主要成分或主要改性成分，赋予防水涂料新的性能，在常温下是一种流态或半流态物质，涂布在基层表面，固化成膜后形成有一定厚度的弹性连续薄膜，使基层表面与水隔绝，起到防水、防潮作用。

防水涂料按成膜物质的主要成分可分为三类：沥青类、聚合物改性沥青类、合成高分子类。根据组分不同，可分为单组分防水涂料和双组分防水涂料。按分散介质的种类及成膜过程可分为溶剂型、水乳型和反应型三种。

8.4.1 沥青类防水涂料

沥青类防水涂料是指以沥青为基料配制而成的水乳型或溶剂型防水涂料，主要适用于防水等级为 Ⅲ 级、Ⅳ 级屋面防水及卫生间防水等。

1. 冷底子油

冷底子油是沥青加稀释剂而成的一种渗透力很强的液体沥青。多用建筑石油沥青和道路石油沥青与汽油、煤油、柴油等稀释剂配制。由于施工后形成的涂膜很薄，一般不单独使用，往往作沥青卷材施工时打底的基层处理剂，故称冷底子油。

冷底子油的黏度小，能渗入到混凝土、砂浆、木材等材料的毛细孔隙中，待溶剂挥发后，便与基材牢固结合，使基底表面憎水并具有粘结性，为粘结同类防水材料创造有利条件。冷底子油应随配随用，通常由 30%～40% 的 30 号或 10 号石油沥青与 60%～70% 的有机溶剂配制而成。

2. 乳化沥青

将液态的沥青、水和乳化剂在容器中经强烈搅拌，沥青则以微粒状分散于水中，形成的乳状沥青液体，称为乳化沥青。通常用的乳化剂有石灰膏、肥皂、洗衣粉、十八烷基氯化铵及烷基丙烯二胺等。石灰膏乳化剂来源广泛，价格低廉，使用较多，但要注意其稳定性较差。乳化沥青的存储时间一般不超过半年，不能在 0℃ 以下存储、运输、施工使用。其分层变质后不能使用。

乳化沥青用于结构上，其中的水分蒸发后，沥青颗粒紧密结合形成沥青膜而起防水作用。乳化沥青是一种冷用防水涂料，施工工艺简便，造价低，已被广泛用于道路、房屋建筑等工程的防水结构；涂于混凝土墙面作为防水层；掺入混凝土或砂浆中（沥青用量约为混凝土干料用量的 1%）提高其抗掺性；也可用作冷底子油涂于基底表面上。

3. 沥青胶

沥青胶又称沥青玛琋脂，是沥青与矿质填充料及稀释剂均匀拌合而成的混合物。沥青胶按所用材料及施工方法不同可分为：热用沥青胶及冷用沥青胶。热用沥青胶是由加热溶化的沥青与加热的矿质填充料配制而成；冷用沥青胶是由沥青溶液或乳化沥青与常温状态的矿质填充料配制而成。

沥青胶应具有良好粘结性、柔韧性、耐热性，还要便于涂刷或灌注。工程中常用的热用沥青胶，其性能主要取决于原材料的性质及其组成。

沥青胶的用途较广，可用于粘结沥青防水卷材、沥青混合料、水泥砂浆及水泥混凝土，并可用作接缝填充材料等。

8.4.2 高聚物改性沥青防水涂料

高聚物改性沥青防水涂料是以沥青为基料，用合成高分子聚合物进行改性，制成的水乳型或溶剂型防水涂料。这类涂料在柔韧性、抗裂性、拉伸强度、耐高低温性能、使用寿命等方面比沥青类涂料有很大的改善。其品种有再生橡胶改性沥青防水涂料、水乳型氯丁橡胶沥青防水涂料、SBS 橡胶改性沥青防水涂料等。适用于 Ⅰ、Ⅱ、Ⅲ级防水等级的屋面、地面、混凝土地下室和卫生间等防水工程。高聚物改性沥青防水涂料的物理性能应符合表 8-11 的要求。

高聚物改性沥青防水涂料的物理性能　　　　　　　　　表 8-11

项目		性能要求
固体含量(%)		≥43
耐热度		无流淌、起泡和滑动
柔度(−10℃)		3mm 厚,绕 φ20mm 厚圆棒无裂纹
不透水性	压力(MPa)	≥0.1
	保持时间(min)	≥30
延伸(20±2)℃拉伸(mm)		≥4.5

8.4.3　合成高分子防水涂料

合成高分子防水涂料指以合成橡胶或树脂为主要成膜物质制成的单组分或多组分的防水涂料。这类涂料具有高弹性、高耐久性及优良的耐高温性能,品种有丙烯酸防水涂料、聚氨酯防水涂料、有机硅防水涂料等,适用于 Ⅰ、Ⅱ、Ⅲ级防水等级的屋面、地下室、水池及卫生间等防水工程。

1. 丙烯酸防水涂料

丙烯酸防水涂料是一种水性防水涂料,它以丙烯酸酯作为成膜物质,加入各种助剂、填料及颜料而成。优点是防水性能良好,耐候性好,化学稳定性优良,产品对环境不产生污染,对人员无危害。

2. 聚氨酯防水涂料

聚氨酯防水涂料亦称聚氨酯涂膜防水材料,是以聚氨酯树脂为主要成膜物质的一类高分子防水材料。

聚氨酯防水涂料是防水涂料中最重要的一类,具有耐水解性、可延伸性、流展性、耐老化性以及适当的强度和硬度,因此,它几乎满足作为防水材料的全部特性。聚氨酯防水涂料适用于各种屋面防水工程(需覆盖保护层);地下建筑防水工程、厨房、浴室、卫生间防水工程、水池、游泳池防漏;地下管道防水、防腐蚀等。

3. 有机硅防水涂料

有机硅防水涂料是以硅橡胶乳及其纳米复合乳液为主要基料,掺入无机填料及各种助剂而制成的水性环保型防水涂料。有机硅防水涂料的整体成膜性好,具有优良的抗拉强度、延伸率、耐腐蚀及耐老化性,绿色环保,无毒无味,使用方便安全,是其他高分子防水材料不能比拟的,因此,该产品多数用于地下防水工程,不对水质造成污染。

8.4.4 防水涂料的贮运及保管

防水涂料的包装容器必须密封严实,容器表面应有标明涂料名称生产厂家、生产日期和产品有效期的明显标志;贮运及保管的环境温度应不得低于 0℃;严防日晒、碰撞、渗漏;应存放在干燥、通风、远离火源的室内,料库内应配备专门用于灭扑有机溶剂的消防措施;运输时,运输工具、车轮应有接地措施,防止静电起火。

8.5 建筑密封材料

建筑密封材料是嵌入建筑物缝隙中,承受位移、起到气密和水密作业的材料。

8.5.1 密封材料的分类

建筑密封材料分为定形(密封条、压条)和不定型(密封膏或密封胶)两类。定型密封材料具有一定形状和尺寸,按被密封部位的不同制成带、条、方、圆、垫片等形状,如铝合金门窗橡胶密封条、橡胶止水带、钢板止水带等(图 8-7、图 8-8);不定型密封材料,如密封膏,按其原材料及性能可分为塑性密封膏、弹塑性密封膏和弹性密封膏。

图 8-7 门窗密封条

图 8-8 橡胶止水带

1. 塑性密封膏

塑性密封膏是以改性沥青和煤焦油为主要原料制成的。其价格低,具有一定的塑性和耐久性,但弹性差,延伸性差,使用年限在 10 年以下。

2. 弹塑性密封膏

弹塑性密封膏是以聚氯乙烯胶泥及各种塑料油膏为主。其弹性较低,塑性较大,延伸和粘结力较好,使用年限在 10 年以上。

3. 弹性密封膏

弹性密封膏是由聚硫橡胶、有机硅橡胶、氯丁橡胶、聚氨酯和丙烯酸萘为主要原料制成。其性能好,使用年限在 20 年以上。

8.5.2　工程中常用的密封材料

工程上常用建筑密封材料的有：沥青嵌缝油膏、聚氯乙烯接缝膏、塑料油膏、丙烯酸类密封膏、聚氨酯密封膏、聚硫密封膏和硅酮密封膏等。

1. 沥青嵌缝油膏

沥青嵌缝油膏是以石油沥青为基料，加入改性材料、稀释剂及填充料混合制成的密封膏。改性材料有废橡胶粉和硫化鱼油；稀释剂有松节油和机油；填充料有石棉绒和滑石粉等。

沥青嵌缝油膏主要用作屋面、墙面、沟和槽的防水嵌缝材料。使用沥青嵌缝油膏嵌缝时，缝内应洁净干燥，先刷涂冷底子油一道，待其干燥后即嵌填油膏。油膏表面可加石油沥青、油毡、砂浆、塑料为覆盖物。

2. 聚氯乙烯接缝膏和塑料油膏

聚氯乙烯接缝膏是以煤焦油和聚氯乙烯（PVC）树脂粉为基料，按一定比例加入塑料剂、稳定剂及填充料等，在140℃温度下塑化而成的膏状密封材料，简称 PVC 接缝膏。

塑料油膏使用废旧聚氯乙烯（PVC）塑料代替聚氯乙烯树脂粉，其他原料和生产方法同聚氯乙烯接缝膏。塑料油膏成本较低。

PVC 接缝膏和塑料油膏有良好的粘结性、防水性、弹塑性、耐热、耐寒、耐腐蚀和抗老化性能也较好。可以热用，也可以冷用。热用时，将聚氯乙烯接缝膏或塑料油膏用文火加热，加热温度不得超过140℃，达到塑化状态后，应立即浇灌于清洁干燥的缝隙或接头等部位；冷用时，加溶剂稀释。

这种油膏适用于各种屋面嵌缝或表面涂布作为防水层，也可用于水渠、管道等接缝，用于工业厂房自防水屋面嵌缝、大型墙板嵌缝等的效果也很好。

3. 丙烯酸类密封膏

丙烯酸类密封膏是丙烯酸树脂掺入增塑剂、分散剂、碳酸钙、增量剂等配制而成，有溶剂型和水乳型两种，工程常用的为水乳型。

丙烯酸类密封膏在一般建筑基底上不产生污渍。它具有优良的抗紫外线性能，尤其是对透过玻璃的紫外线。它的延伸率很好，初期固化阶段为200%～600%，经过热老化、气候老化试验后达到完全固化时为100%～350%。在-34～80℃温度范围内具有良好的性能。丙烯酸类密封膏比橡胶类便宜，属于中等价格及性能的产品。

丙烯酸类密封膏主要用于屋面、墙板、门、窗嵌缝，但它的耐水性能不算太好，所以不宜用于经常泡在水中的工程，如不宜用于广场、公路、桥面等有交通来往的接缝中，也不用于水池、污水厂、灌溉系统、堤坝等水下接缝中。丙烯酸类密封膏一般在常温下用挤枪嵌填于各种清洁、干燥的缝内，为节省材料，缝宽不宜太大，一般为9～15mm。

4. 聚氨酯密封膏

聚氨酯密封膏一般用双组分配制，甲组分是含有异氰酸酯基的预聚体，乙组分是含有多羟基的固化剂与增塑剂、填充料、稀释剂等。使用时，将甲乙两组分按比例混合，经固化反应成弹性体。

聚氨酯密封膏的弹性、粘结性及耐气候老化性能特别好，与混凝土的粘结性也很好，同时不需要打底。所以聚氨酯密封材料可用作屋面、墙面的水平或垂直接缝，尤其适用于游泳池工程。它还是公路及机场跑道的补缝、接缝的好材料，也可用于玻璃、金属材料的嵌缝。

思考及练习题

答案

一、填空题

1. 针入度是在规定温度条件下，以规定质量的标准针，在规定时间内沉入试样的深度，以_____表示1°。

2. 石油沥青的牌号越高，则石油沥青的塑性越_____，软化点越_____，使用寿命越_____。

3. 石油沥青的闪点是表示_____性的一项指标。

4. _____是评定石油沥青大气稳定性的指标。

5. 防水卷材按材料不同分为_____、_____和高聚物改性沥青防水卷材三大系列。

6. 石油沥青的主要组分是_____、_____、_____。

二、单选题

1. 下列沥青的分类中，不属于按来源分类的是（　　）。

A. 天然沥青　　　　　　　　　B. 石油沥青

C. 焦油沥青　　　　　　　　　D. 道路石油沥青

2. 煤沥青比石油沥青的（　　）好，故可用作防腐蚀材料。

A. 韧性　　　　B. 防水　　　　C. 大气稳定性　　　　D. 防腐蚀性

3. 沥青的温度敏感性通常用（　　）表示。

A. 软化点　　　　B. 软化系数　　　　C. 延伸度　　　　D. 针入度

4.（　　）是决定石油沥青黏滞性的技术指标。

A. 针入度　　　　B. 延伸度　　　　C. 软化点

5. 建筑石油沥青的牌号有（　　）个。

A. 2　　　　B. 3　　　　C. 4　　　　D. 5

E. 7

三、判断题

1. 塑性体改性沥青防水卷材简称 SBS。（　　）

2. 三元乙丙橡胶不适用于严寒地区的防水工程。（　　）

3. 石油沥青的软化点越低，说明该沥青的温度敏感性越小。（　　）

4. 石油沥青的塑性表示石油沥青开裂后的自愈能力及受机械力作用后变形而不破坏的能力。（　　）

5. 冷底子油是由石油沥青和溶剂配制成的溶液，可以在常温下涂刷。（　　）

6. 防水施工时，熔化沥青的温度高会加速沥青的老化，因此要特别注意施工时的温度控制。（　　）

7. 石油沥青的针入度越小，说明该沥青的黏滞性越大。（　　）

四、多选题

1. 沥青的牌号是根据（　　　）技术指标来划分的。

A. 针入度　　　　　B. 延伸度　　　　　C. 软化点　　　　　D. 闪点

2. 一般石油沥青材料，牌号越高，则（　　　）。

A. 黏滞性越小　　　　　　　　　　B. 黏滞性越大

C. 温度敏感性越大　　　　　　　　D. 温度敏感性越小

3. 沥青胶的组成包括（　　　）。

A. 沥青　　　　　B. 基料　　　　　C. 填充料　　　　　D. 分散介质

E. 助剂

4. 防水涂料的组成包括（　　　）。

A. 沥青　　　　　B. 基料　　　　　C. 填充料　　　　　D. 分散介质

E. 助剂

5. 石油沥青最主要的组分包括（　　　）。

A. 沥青碳　　　　　B. 油分　　　　　C. 树脂　　　　　D. 地沥青质

E. 石蜡　　　　　F. 乳化剂

检测实训

任务：测定沥青的针入度、延度和软化点。

教学单元 9

Chapter 09

其他工程材料

 教学目标

1. 知识目标：

了解绝热材料，建筑塑料及胶粘剂，建筑装饰材料，吸声、隔声材料及其他新型建筑材料有关原理、工艺、分类、用途和特点等相关基础知识。

2. 能力目标：

能够初步具备工程施工选材、识材和用材的能力。

思维导图

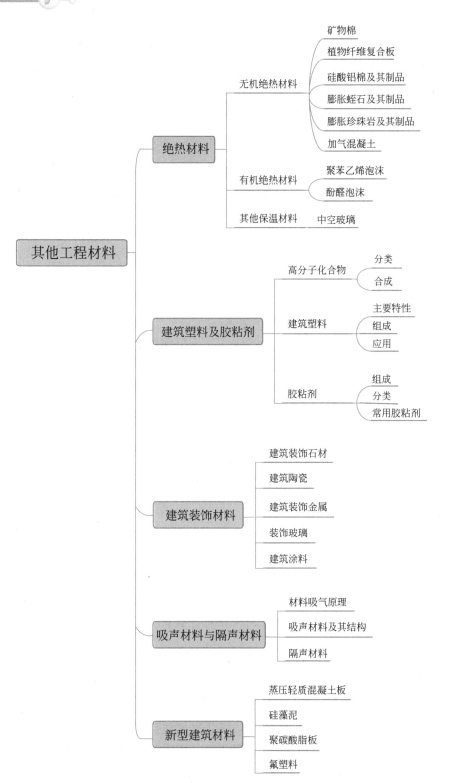

引文

本单元主要讲授绝热材料、建筑塑料及胶粘剂、建筑装饰材料、吸声隔声材料和其他新型材料的基础知识，并以此进一步促进学生具备施工选材、识材和用材的能力。

9.1 绝热材料

绝热
材料

在建筑中，习惯将用于控制室内热量外流的材料叫做保温材料，防止室外热量进入室内的叫做隔热材料，保温、隔热材料统称为绝热材料，是指能阻滞热流传递的材料，又称热绝缘材料。随着社会的不断进步，建筑能耗占据全球能耗的 10% 以上，随之带来严重的环境污染，因此建筑物选用适当的绝热材料，不仅能够满足人们对居住环境的要求，更有着明显的节能效果。

建筑上使用最广泛的绝热材料，根据化学成分可分为有机和无机两大类，根据材料的构造可分为纤维状、松散颗粒状和多孔组织（微孔、气泡）材料三种，通常可制成板、片、卷材或管壳等多种形式的制品。一般来说，无机保温绝热材料的表观密度较大，但不易腐朽，不会燃烧，大部分可耐高温。有机保温绝热材料质轻，保温性能好，但耐热性较差。随着社会的不断进步，建筑绝热材料向多功能复合保温材料、轻质化保温材料、保温装饰一体化材料、绿色环保保温材料、防潮防水保温材料、真空绝热材料、纳米孔材料方向发展。此外，由于近年来我国因保温材料引发的建筑火灾时有发生，因此《关于进一步明确民用建筑外保温材料消防监督管理有关要求的通知》规定：民用建筑外墙保温采用燃烧性能为 A 级的材料。

9.1.1 无机绝热材料

1. 矿物棉

矿物棉是最常见的无机绝热材料，也是目前使用量最大的无机绝热材料，包括矿棉、石棉、玻璃棉和植物纤维等为主要原料，制成板、筒、毡、带等形状的制品。1840 年矿物棉被 Edward Parry 首次合成，并于 1871 年在德国首次生产，现广泛用于住宅建筑和热工设备、管道等的保温。

矿棉一般包括矿渣棉和岩石棉，矿渣棉是以高炉硬矿渣、铜矿渣等工业废料矿渣为主要原料，添加钙质和硅质原料；岩石棉的主要原料为天然岩石（白云石、玄武岩、辉绿岩、角闪岩等）。上述材料经熔融后，用喷吹法或离心法而制成的细纤维的绝热材料。矿棉具有轻质、不燃、绝热和电绝缘等性能，且原料来源广、成本低。制成矿棉板、矿棉毡及管壳等，可用作建筑物的墙壁、屋顶、顶棚等处以及热力管道的保温材料。

石棉是一种天然矿物纤维，主要化学成分是含水硅酸镁，具有耐火、耐热、耐酸碱、绝热、防腐、隔声及绝缘等特性。常制成石棉粉、石棉纸板、石棉毡等制品，用于建筑工程的高效保温及防火覆盖等。

玻璃棉是用玻璃原料或玻璃碎片熔融后制成的纤维状材料，包括短棉和超细棉两种。可制成沥青玻璃棉毡、板及酚醛玻璃棉毡、板等制品，广泛用在温度较低的热力设备和房屋建筑中的保温，同时它还是良好的吸声材料。

2. 植物纤维复合板

植物纤维复合保温材料是以植物纤维为主要材料，经过加工处理后加入胶结料和填料而制成。如木丝板是以木材下脚料制成木丝，加入硅酸钠溶液及普通硅酸盐水泥混合，经成型、冷压、养护、干燥而制成。甘蔗板是以甘蔗渣为原料，经过蒸制、加压、干燥等工序制成的一种轻质、吸声、保温、绝热的材料，可用于墙体、地板、顶棚等。

3. 硅酸铝棉及其制品

硅酸铝棉即直径 $3 \sim 5 \mu m$ 的硅酸铝纤维，又称耐火纤维，以优质焦宝石、高纯氧化铝、二氧化硅、锆英砂等为原料，选择适当的工艺处理，经电阻炉熔融喷吹或甩丝，使化学组成和结构相同与不同的分散材料进行聚合纤维化制成的无机材料，是当前国内外公认的新型优质绝热材料。硅酸铝棉具有质轻、耐高温、导热系数低、低热容量、优良的热稳定性、优良的抗拉强度和优良的化学稳定性。因此广泛用于电力、石油、冶金、建材、机械、化工、陶瓷等工业窑炉的高温绝热封闭以及过滤、吸声材料。需要注意的是，硅酸铝保温材料接触水会大大降低保温隔热效果。

4. 膨胀蛭石及其制品

蛭石是一种与蒙脱石相似的黏土矿物，为层状结构的硅酸盐。当被急剧加热时，蛭石层间的水便迅速汽化，在蛭石的片层间产生大量的气体，使得蒸汽压力急剧增大，从而在垂直于解离面的方向急剧膨胀，形成膨胀蛭石，如图 9-1 所示。膨胀蛭石的堆积密度为 $80 \sim 200 kg/m^3$，导热系数通常为 $0.046 \sim 0.07 W/(m \cdot K)$，可在 $1000 \sim 1100℃$ 下使用，不蛀、不腐，但吸水性较大。用于填充墙壁、楼板及平顶屋，保温效果佳。使用时应注意防潮。

膨胀蛭石也可以与水泥、水玻璃等凝胶材料配合，制成砖、板、管壳等用于围护结构及管道保温。如图 9-2 所示。

图 9-1　膨胀蛭石

图 9-2　隔热膨胀蛭石板材

5. 膨胀珍珠岩及其制品

膨胀珍珠岩，如图 9-3 所示，是由天然珍珠岩、黑曜石和松脂岩为原料，经煅烧体积急剧膨胀 4～30 倍而得多孔、白色颗粒状物，堆积密度为 40～300kg/m³，导热系数为 0.025～0.048W/(m·K)，耐热 800℃，是一种高效能保温保冷填充材料。

膨胀珍珠岩制品是以膨胀珍珠岩为骨料，配以适量胶凝材料，经拌合、成型、养护（或干燥，或焙烧）后而制成的板、砖、管壳等制品。目前国内主要产品有水泥膨胀珍珠岩制品、水玻璃膨胀珍珠岩制品、磷酸盐膨胀珍珠岩制品及沥青膨胀珍珠岩制品等。

6. 加气混凝土

加气混凝土，是一种轻质多孔的建筑材料，它是以硅质材料（砂、粉煤灰及含硅尾矿等）和钙质材料（石灰、水泥）为主要原料，掺加发气剂（铝粉），通过配料、搅拌、浇筑、预养、切割、蒸压养护等工艺过程制成的轻质多孔硅酸盐制品，如图 9-4 所示，因其经发气后制品内部含有大量均匀而细小得气孔而得名。加气混凝土重量轻、保温效果好、防火性能好、遇火不散发有害气体、生产效率高、生产耗能低，广泛用于建筑工程中的轻质砖、轻质墙、隔声砖等。主要用于建筑工程中的轻质砖、轻质墙、隔声砖、隔热砖和节能砖。

图 9-3　膨胀珍珠岩

图 9-4　加气混凝土块

9.1.2　有机绝热材料

1. 聚苯乙烯泡沫塑料

聚苯乙烯泡沫塑料分为模塑聚苯乙烯泡沫保温板（简称聚苯板，又称 EPS）和挤塑聚苯乙烯泡沫保温板（简称挤塑板，又称 XPS 板）两种。XPS 是以聚苯乙烯树脂为原料，经由特殊工艺连续挤出发泡成型的硬质泡沫保温板材。XPS 板，如图 9-5 所示，是第三代硬质发泡成型的硬质发泡保温材料，它克服 EPS 板繁杂的生产工艺，具有 EPS 版无法替代的优越性能。XPS 板较好的燃烧等级为 B1 级，曾经广泛应用于墙体保温与屋顶的保温，现多用于隔热、防潮、低温储藏地面等方面。

XPS 内部为独立的密闭式气泡结构，具有热导系数低、高抗压、防潮、不透气、不吸水、质轻、耐腐蚀、使用寿命长等优点，是目前优秀的建筑绝热材料之一。XPS 变形下的

抗压强度为 $150\sim700$kPa，不易破碎、安装轻便、切割容易，用作屋顶保温不影响结构的承重能力。广泛用于墙体保温、平面混凝土屋顶及钢结构屋顶的保温；用于低温储藏地面、泊车平台、机场跑道、高速公路等领域的防潮保温。

2. 酚醛泡沫

酚醛泡沫，如图 9-6 所示，素有保温材料之王的美称，是新一代保温防火隔声材料。酚醛泡沫材料是由热固性酚醛树脂加入发泡剂、固化剂及其他助剂制成的闭孔型硬质泡沫塑料，具有不燃、防火、低烟、抗高温变形的特点。它克服了原有泡沫塑料型保温材料易燃、多烟、遇热变形的缺点，保留了原有泡沫塑料型保温材料质轻、施工方便等特点，还具有良好的保温隔热性能，可以达到更好的节能效果，将优异的防火性能与良好的节能效果集于一身，是国际公认的建筑行列中最有发展前景的一种新型保温材料。酚醛树脂保温材料在发达国家酚醛发泡材料发展迅速，已广泛应用于建筑、国防、外贸、贮存、能源等领域。美国建设行业所用的隔声保温泡沫塑料中，酚醛材料已占 40％；日本也已成立酚醛泡沫普及协会以推广这种新材料。

图 9-5   XPS 板

图 9-6   酚醛泡沫板

9.1.3   其他保温材料

1. 软木板

软木也叫栓皮栎，是橡树的树皮，现今主要集中在地中海沿岸，产量最多的是葡萄牙、西班牙和北非地区。软木板通过设备高温熏蒸，使软木颗粒膨胀释放天然的树脂粘合形成软木砖，再通过打磨切割，制成软木板，整个生产过程 100％ 纯天然，无添加任何胶水、色料、阻燃剂或其他化学合剂。软木板具有密度低、可压缩、有弹性、防潮、耐油、耐酸、减振、隔声、隔热、阻燃、绝缘等一系列优良特性，又有防霉、保温、吸声、静音的特点，是美国绿色建筑协会（LEED）认证的十大绿色建筑产品之一，也是国际森林管理委员会（FSC）认证的保护大自然生态平衡、可持续发展的材料之一，更是世界上唯一一种纯天然的隔热节能阻火材料。

2. 中空玻璃

中空玻璃是用两片或两片以上的玻璃（可以根据要求选用各种不同性能的玻璃原片，

如无色透明浮法玻璃、压花玻璃、吸热玻璃、热反射玻璃、夹丝玻璃、钢化玻璃等），使用高强度高气密性复合粘结剂，将玻璃片与内含干燥剂的铝合金框架粘结，制成的高效能隔声隔热玻璃。中空玻璃的玻璃与玻璃之间，一般留有 8～30mm 的空间并充入干燥气体密封制成。如中间空气层厚度为 10mm 的中空玻璃，其导热系数为 0.100W/（m·K），而普通玻璃的导热系数为 0.756W/（m·K）。

9.2　建筑塑料及胶粘剂

9.2.1　高分子化合物的基本知识

有机高分子材料是由高分子化合物组成的材料，在建筑工程中主要涉及的有塑料、橡胶、化学纤维、胶粘剂和涂料。本节主要介绍建筑塑料和胶粘剂。这些有机高分子材料的基本成分是人工合成的高分子化合物，简称高聚物。

1. 高分子化合物的分类

（1）按分子链形状分类。根据分子链的形状不同，可将高分子化合物分为线型、支链型和体型三种。

1）线型高分子化合物的主链原子排列成长链状，如聚乙烯、聚氯乙烯等；

2）支链型高分子化合物的主链也是长链状的，但带有大量支链，如 ABS 树脂等；

3）体型高分子化合物的长链被许多横跨链交联成网状，或在单体聚合过程中形成二维或三维空间交联形状空间网络，分子彼此固定，如环氧、聚酯等树脂的最终产物。

（2）按对热的性质分类。按对热的性质可分为热塑性和热固性两类。

热塑性高聚物在加热时呈现出可塑性，甚至熔化，冷却后又凝固硬化。这种变化是可逆的，可以重复多次。这类高分子化合物其分子间作用力较弱，基本为线型及带支链的高聚物。

热固性高聚物是一些支链高分子化合物，加热时转变黏稠状态，发生化学变化，向相邻的分子相互连接，转变成体型结构而逐渐固化，其分子量也随之增大，最终成为不能融化、不能溶解的物质。这种变化是不可逆的，大部分缩合树脂属于此类。

2. 高分子材料的合成

将低分子单体经化学方法聚合成为高分子化合物常用的合成方法有加聚聚合和缩聚聚合两种。

（1）加聚聚合

加聚反应是指由一种或两种以上单体化合成高聚物的反应，在反应过程中没有低分子物质生成，生成的高聚物与原料物质具有相同的化学组成，其相对分子质量为原料相对分子质量的整数倍。

仅由一种单体发生的加聚反应称为均聚反应，例如，氯乙烯合成聚氯乙烯；由两种以上单体共同聚合称为共聚反应，例如，苯乙烯与甲基丙烯酸甲酯共聚。共聚产物称为共聚物，其性能往往优于均聚物。因此，通过共聚方法可以改善产品性能。

（2）缩聚聚合

缩聚反应指具有两个或两个以上官能团的单体，相互缩合并产生小分子副产物（水、醇、氨、氯化氢等）而生成高分子化合物的聚合反应。如：

单体中对苯二甲酸和乙二醇各有两个官能团，生成大分子时，向两个方向延伸，得到的是线型高分子。

苯酚和甲醛虽然是单官能团化合物，但它们反应的初步产物是多官能团的，这些多官能团分子缩聚成线型或体型的高聚物，即缩合树脂。

9.2.2 建筑塑料

1. 建筑塑料的主要特性

塑料是具有可塑性的高分子材料，具有质轻、绝缘、耐腐、耐磨、绝热、隔声等优良性能，在建筑上可用作装饰材料、绝热材料、吸声材料、防火材料、墙体材料、管道及卫生洁具等。它比传统材料具有以下优异性能：

常用建筑塑料

（1）质轻。塑料的平均密度为 $1.45g/cm^3$，约为铝的 1/2，钢的 1/5，混凝土的 1/3，但其强度却远远超过水泥、混凝土，接近钢材，是一种优良的轻质高强材料。

（2）导热性低。密实塑料的热导率一般为 $0.12\sim0.80W/(m \cdot K)$。泡沫塑料是良好的绝热材料，热导率很低。

（3）比强度高。塑料及其制品的比强度高。玻璃钢的比强度超过钢材和木材。

（4）耐腐蚀性好。塑料对酸、碱、盐类的侵蚀具有较高的抵抗性。

（5）电绝缘性好。塑料的导电性低，是良好的电绝缘材料。

（6）装饰性好。塑料具有良好的装饰性能，能制成线条清晰、色彩鲜艳、光泽动人的装饰制品。

2. 塑料的组成

（1）合成树脂

合成树脂是塑料的基本组成材料，起着胶粘剂的作用，含量为 $30\%\sim60\%$，塑料的主要性能取决于所采用的合成树脂。

（2）填充料

填充料的作用是节约树脂、降低成本，调节塑料的物理化学性能。含量 $40\%\sim70\%$。

常用的有机填充料有木粉、纸屑、废棉、废布等；常用无机填充料有滑石粉、石墨粉、石棉、玻璃纤维等。

（3）添加剂

添加剂是为了改善或调节塑料的某些性能，以适应使用或加工时的特殊要求而加入的辅导材料，如增塑剂、固化剂、着色剂、阻燃剂、稳定剂等。

增塑剂一般为沸点较高、不易挥发、与树脂有良好相容性的低分子油状物，不仅使塑料加工成型方便，而且可以改善塑料的韧性、柔顺性等机械性能。常用的增塑剂有邻苯二甲酸二丁酯、邻苯二甲酸二辛酯等。

固化剂主要作用是在聚合物中生成横跨键，使线形高聚物交联成体形高聚物，从而使树脂具有热固性，制得坚硬的塑料制品。

着色剂主要作用是可使塑料具有鲜艳的色彩和光泽。着色剂除满足色彩要求外，还应具有分散性好，附着力强，不与塑料成分发生化学反应，不褪色等特性。

阻燃剂加入后能提高塑料的耐热性和自熄性。常用的有氢氧化铝、三氧化锑等。

稳定剂主要作用是防止和缓解高聚物的老化，延长塑料制品的使用寿命。

3. 常用建筑塑料的品种及其用途

（1）聚氯乙烯塑料（PVC）

聚氯乙烯塑料是建筑中用量最大的一种塑料。硬质 PVC 的密度为 $1.38\sim1.43\mathrm{g/cm^3}$，机械强度高，化学稳定性好，使用温度范围一般在 $-15\sim55℃$ 之间，适宜制造塑料门窗、下水管、线槽等。

（2）聚乙烯塑料（PE）

聚乙烯塑料在建筑上主要用于给排水管、卫生洁具。

（3）聚丙烯塑料（PP）

聚丙烯塑料的密度在所有塑料中是最小的，约为 0.9。聚丙烯常用来生产管材、卫生洁具等建筑制品。

（4）聚苯乙烯（PS）

聚苯乙烯塑料为无色透明类似玻璃的塑料。聚苯乙烯在建筑中主要用来生产泡沫隔热材料、透光材料等制品。

（5）ABS 塑料

ABS 塑料是改性聚苯乙烯塑料，以丙烯腈（A）、丁二烯（B）、苯乙烯（C）为基础的三组分所组成。ABS 塑料可制成压有花纹图案的塑料装饰板等。

（6）酚醛树脂

酚醛树脂由苯酚和甲醛在酸性或碱性催化剂的作用下缩聚而成。它具有热固性，优点是粘结强度高、耐光、耐热、耐腐蚀、电绝缘性好，但质脆。加入填料和固化剂后可制成酚醛塑料制品（俗称电木），此外还可做成压层板等。

（7）环氧树脂（EP）

环氧树脂以多环氧氯丙烷和二烃基二苯基丙烷为主要原料制成。它便于储存，是很好的胶粘剂，耐侵蚀性能也较强，稳定性很高。

（8）聚氨酯塑料（PU）

聚氨酯塑料是性能优异的热固性树脂，力学性能、耐老化性、耐热性都比较好，可作涂料和胶粘剂。

（9）玻璃纤维增强塑料（玻璃钢）

玻璃纤维增强塑料是用玻璃纤维制品、增强不饱和聚酯或环氧树脂等复合而成的一种热固性塑料，有很高的机械强度，其比强度甚至高于钢材。

（10）聚甲基丙烯酸甲酯（PMMA）

聚甲基丙烯酸甲酯又称有机玻璃，是透光度最高的一种塑料，因此可代替玻璃，且不易破碎，但其表面硬度比无机玻璃差，容易划伤。有机玻璃强度较高、耐腐蚀性、耐气候性和绝缘性均较好，成型加工方便，缺点是质脆、不耐磨、价格较贵，可用来制作护墙板和广告牌。

4. 常见的建筑塑料

（1）塑料管材和型材

塑料管有热塑性塑料管和热固性塑料管两大类。

塑料管的种类有：硬质聚氯乙烯（UPVC）塑料管、聚乙烯（PE）塑料管、聚丙烯（PP）塑料管和 PPR 塑料管、聚丁烯（PB）塑料管、玻璃钢（FRP）管和复合塑料管等。

（2）塑料门窗

塑料门窗分为全塑料门窗以及复合塑料门窗两类，全塑门窗多采用改性聚氯乙烯树脂制造。塑料门窗具有隔声、隔热、气密性好、耐腐蚀、维护费用较低等优点，但其线性膨胀系数较高，硬度较低，不耐磨。复合塑料门窗常用种类为塑钢门窗，它是在塑料门窗框内部嵌入金属型材制成。

9.2.3 胶粘剂

1. 胶粘剂的组成

（1）粘料

粘料是胶粘剂的基本成分，决定胶粘剂的性能。粘料通常由一种或几种聚合物配合而成。用于胶结结构受力部位的胶粘剂是以热固性树脂为主；用于非受力部位和变形较大部分的胶粘剂是以热塑性树脂和橡胶为主。

（2）硬化剂和催化剂

硬化剂能使线性分子形成网状体型结构，从而使胶粘剂固化。加入催化剂是为了加速高分子化合物的硬化过程。

（3）填料

填料可改善胶粘剂的性能（如提高强度、减少收缩等），并可降低胶粘剂的成本。常用石棉粉、石英粉、氧化铝粉、金属粉等。

（4）稀释剂

稀释剂用于溶解和调节胶粘剂的黏度，增加涂敷润湿性。稀释剂有活性和非活性之分，前者参加固化反应，后者不参加固化反应，只起稀释作用。

（5）其他外加剂

为满足某些特殊要求，在塑料胶粘剂中还加入某些附加剂，如增塑剂、防霉剂、防腐剂、稳定剂等，增加胶粘剂的强度、防霉、防腐、稳定。

2. 胶粘剂的分类

胶粘剂的基本要求：具有足够的流动行，能充分润湿被粘物表面，粘结强度高，膨胀变形小，易于调节其粘结性和硬化速度，不易老化失效。

按强度特性分为结构性胶粘剂和非结构性胶粘剂两类。

按化学成分分为有机胶粘剂（天然胶粘剂、合成胶粘剂）和无机胶粘剂（磷酸盐型、硅酸盐型、硼酸盐型）。

按粘料成分可分为热固型、热塑型、橡胶型和混合型。

3. 常用胶粘剂

（1）环氧树脂类粘结剂

这类胶粘剂具有粘结强度高、韧性好、耐热、耐酸碱、耐水及其他有机溶剂等优点。在建筑工程中，环氧树脂类胶粘剂多用于金属、塑料、混凝土、木材、陶瓷等多种材料的粘结。

（2）聚乙烯醇缩甲醛胶粘剂（108 胶）

108 胶具有黏度性稳定，粘结力强，防霉变、抗强碱、与其他水溶性胶的相容性好，清晰透明，抗冻融，成膜性好，具有广泛用途。聚乙烯醇缩甲醛胶除了可用于壁纸、墙布的裱糊外，还可用作室内外墙面、地面涂料的配置材料。与石膏粉或滑石粉掺合成膏状物，可用于室内外墙面的基层处理，在普通水泥砂浆内加入 108 胶后，能增加砂浆与基层的粘结力。

（3）聚醋酸乙烯胶粘剂（白乳胶）

白乳胶是目前用途最广、用量最大的粘合剂品种之一。它是以水为分散介质进行乳液聚合而得，是一种水性环保胶。由于具有成膜性好、粘结强度高、固化速度快、耐稀酸稀碱性好、使用方便、价格便宜、不含有机溶剂等特点。它主要被用在木材加工、家具组装、卷烟接嘴、建筑装潢、织物粘结、制品加工、印刷装订、工艺品制造以及皮革加工、标签固定、瓷砖粘贴等，是一种环保型的胶粘剂。

（4）酚醛树脂类胶粘剂

酚醛树脂是许多胶粘剂的重要成分，它具有很高的粘附能力，但由于其硬化后性能很脆，所以大多数情况下，用其他高分子化合物改性后使用，主要用于粘结各种金属、塑料、木材等。

9.3　建筑装饰材料

建筑装饰材料一般指建筑物内外墙面、地面、顶棚装饰中所用到的材料，一般是建筑主体完工后，最后铺设、粘贴或涂刷在建筑物表面的。主要有草、木、石、砂、砖、瓦、水泥、石膏、石棉、石灰、玻璃、陶瓷锦砖、软瓷、陶瓷、油漆涂料、纸、生态木、金属、塑料、织物等，以及各种复合制品。建筑装饰材料除了起到装饰作用，满足人们的美感需要，还起着改善和保护主体结构，延长建筑物寿命的作用，是房屋建筑中不可或缺的一种材料。

9.3.1　建筑装饰石材

石材的选用原则

用于建筑装饰的石材种类繁多，根据不同的用途，分为饰面石材、墙体石材、铺地石材、装饰石材、生活用石材、艺术石材、环境美化石材、电器用石材等等。

大理石、花岗石、板石是装饰石材中最主要的三个种类，它们囊括了天然装饰石材 99％以上的品种。

1. 天然石材

所谓天然石材，是指从天然岩体中开采出来毛料，或经过加工成为板状或块状的饰面材料。建筑装饰用的石材主要有花岗石板和大理石板两类。花岗石，如图 9-7 所示，是一种火成岩，属于硬石材。花岗石的化学成分随产地的不同而有所不同。其耐磨性和耐久性均优于大理石，既适用于室内装饰也适用于室外装饰。

大理石，如图 9-8 所示，是石灰岩与白云石在高温、高压作用下矿物重新结晶变质形成的。纯色大理石是白色的，又称为汉白玉。在变质过程中若混入了氧化铁、石墨、氧化亚铁、铜、镍等物质，就会出现不同的色彩和斑点。大理石的主要成分是碳酸钙，化学稳定性不如花岗岩，不耐酸，空气中和雨水中所含的酸性物质和盐类对大理石有腐蚀作用，因此大理石不宜用作外墙及其他露天部位的装饰材料。

图 9-7 花岗岩石材

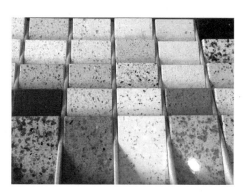

图 9-8 大理石

2. 人造石材

人造石材具有天然石材的质感，色泽艳丽、花色繁多，重量轻、强度高，耐久性好，可锯切、钻孔，施工方便，而且还可以根据需要制作成弧形、曲面等天然石材难以加工的复杂形状。

按照生产工艺的不同，人造石材主要有水泥型人造石材、树脂型人造石材、复合型人造石材及烧结型人造饰面石材等。

9.3.2 建筑陶瓷

凡是以黏土、石英、长石为基本原料，经配料、制胚、干燥、焙烧而成的产品，称为陶瓷制品。按照致密程度的不同，陶瓷制品可以分为陶质制品、瓷质制品和炻质制品三类。

建筑装饰工程中所用的陶瓷制品，一般都是精陶至粗炻范畴的产品。常用的建筑陶瓷包括釉面砖、墙地砖、陶瓷锦砖、卫生陶瓷等。

1. 釉面砖

釉面砖属于精陶类制品，它是以黏土、石英、长石、助燃剂、颜料及其他矿物原料经过加工成型具有一定水分的生料，在经过磨具压制成型、烘干、素烧、施釉和釉烧而成。

釉面砖具有色泽温柔典雅、朴实大方、美观耐用、防火防酸、易清洁等特点，主要用于厨房、卫生间、墙裙、浴室等的装饰和保护。

2. 墙地砖

墙地砖生产工艺类似于釉面砖，分为上釉和不上釉两种。其产品包括内墙砖、外墙砖和地砖三类。墙地砖具有强度高、耐磨、化学稳定性高、不燃、吸水率小、易清洁等特点，一般用于室外台阶、地面及室内门厅、厨房、浴室、厕所等场所的墙砖或地砖。

3. 陶瓷锦砖

陶瓷锦砖，是以优质的瓷土为主要原料，经压制烧制而成的片状小瓷砖，表面一般不上釉。陶瓷锦砖耐磨性好，易清洗，吸水率小。颜色丰富，品种繁多，通常将不同颜色和形状的小块瓷片铺贴在牛皮纸上成联使用。主要用于室内地面铺贴和建筑物外墙装饰。

4. 卫生陶瓷

卫生陶瓷适用于卫生间的卫生洁具，如洗面器、坐便器、水槽等。它使用耐火黏土经加工、上釉焙烧而成的。卫生陶瓷颜色分为白色和彩色，表面光洁、不透水、易于清洁，并耐化学腐蚀。

9.3.3　装饰金属材料

在建筑装饰工程中，应用最多的金属材料是铝合金、钢材及深加工材料，铜及铜合金材料。

1. 铝合金制品

（1）铝合金门窗

铝合金门窗是将表面处理过的型材，经下料、打孔、铣槽、改丝、制窗等加工工艺制成门窗框料构件，再加连接件、密封件、开闭等五金件一起组合装配而成。

铝合金门窗与其他门窗相比，优点为装饰性强，密封性好，断面轻巧，组装简便，价格适中。缺点为导热系数大、保温性差、绝缘性差、生产能耗高、开关时有噪声。

（2）铝合金板

在建筑上，铝合金制品使用最为广泛的是各种铝合金板。铝合金板是以纯铝或铝合金为原料，经辊压冷加工而成的饰面板材，广泛应用于内外墙、柱面、地面、屋顶、顶棚等部位的装饰。

（3）铝塑板

铝塑板，如图9-9所示，是一种复合材料，是采用高强度铝材及优质聚氯乙烯或聚乙烯材料复合而成的，是融合现代高科技成果的新型装饰材料。

铝塑板由上下两层铝板及一层热塑型塑料板组成。铝板表面涂装耐候性极佳的聚偏二氟烯（PUDF）或聚酯涂层。铝塑板具有质轻、比强度高、耐候性和耐腐蚀性优良、施工方便、易于清洁保养等特点。由于芯板采用优质聚氯乙烯或聚乙烯塑料制成，故同时具备良好的隔热、防震性能。铝塑板外形平整美观，可用作建筑物的幕墙饰面材料，可用于立柱、电梯、内墙等处亦可用作顶棚、拱肩板、挑口板和广告牌等处的装饰。

（4）铝蜂窝复合材料

铝蜂窝复合材料，如图9-10所示，是以铝箔材料为蜂窝芯板，面板、底板均为铝的复合板材,在高温高压下,将铝板和铝蜂窝以航空用结构胶粘剂进行严密胶合而成,面板防护层采用氟碳涂料喷涂。

铝蜂窝复合材料具有重量轻、质坚、表面平整、耐候性佳、防水性能好、保温隔热、安装方便等优点,适用于建筑物幕墙,室外墙面、屋面、包厢、隔间等装修,也可用于室内装潢、展示框架、广告牌、指示牌、防静电板、隧道壁板及车船外壳、机器内壳和工作台面等要求轻质高强材料的场合。

(5)铝合金龙骨

铝合金龙骨是以铝合金板材为主要原料,轧制成各种轻薄型材后组合安装而成的一种金属骨架。按用途分为隔墙龙骨和吊顶龙骨两种。隔墙龙骨多用于室内隔断墙,它以龙骨为骨架,两面覆以石膏板或石棉水泥板、塑料板、纤维板等为墙面,表面用塑料壁纸、贴墙布、内墙涂料等进行装饰组成完整的新型隔断墙,吊顶龙骨用作室内吊顶骨架,面层采用各种吸声吊顶板材,形成新颖美观的室内吊顶。

铝合金龙骨具有强度大、刚度大、自重轻、通用性好、耐火性好、隔声性能好、安装简单等特点,且可灵活布置和选用饰面材料,装饰美观。

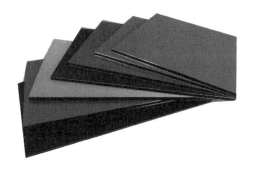

图 9-9　铝塑板

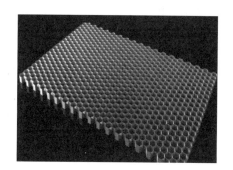

图 9-10　铝蜂窝复合材料

2. 建筑装饰用钢材制品

(1)普通不锈钢制品

不锈钢是以铬元素为主要元素的合金钢,钢中铬含量越高其抗腐蚀性越好。不锈钢中还需要加入镍、锰、钛、硅等元素,以改善不锈钢的性能。高级的抛光不锈钢具有镜面玻璃般的反射能力,是极富现代气息的材料。

不锈钢可制成板材、型材和管材。外部应用最多的不锈钢薄板,厚度在 0.2~2.0mm之间,具有热轧和冷轧两种。由于不锈钢的高反射性及金属质地的强烈时代感,与周围环境中的各种色彩、景物交相辉映,对空间效应起到了强化、点缀和烘托的作用,成为现代高档建筑柱面的流行材料之一。不锈钢广泛用于大型商店、旅游宾馆、参观的入口、门厅、中庭等处。

管材、型材的使用也比较普遍,如各种弯头规格的不锈钢楼梯扶手,以它轻巧、精致、线条流畅展示了优美的空间造型,使周围环境得到了升华。不锈钢自动门、转门、拉手、五金与晶莹剔透的玻璃的组合,使建筑达到了尽善尽美的境界。不锈钢龙骨刚度高于铝合金龙骨,而且具有更强的抗风压性和安全性,并且光洁、明亮,因而主要用于高层建筑的玻璃幕墙中。

（2）彩色不锈钢板

彩色不锈钢板是在不同不锈钢板上进行技术性和艺术性的加工，使其表面成为具有各种绚丽色彩的不锈钢板，其颜色有蓝、灰、白、红、青、橙、茶色、金黄等多种，能满足各种装饰的要求。

彩色不锈钢板具有很强的抗腐蚀性，较高的机械性能，彩色面层经久不褪色，色泽随光照角度不同会产生色调变幻，而且色彩能耐 200℃ 的温度，耐烟雾腐蚀性能超过普通不锈钢，耐磨和耐刻画性能相当于箔层涂金的性能，加工性能也好，当弯曲 90°时，彩色层不会损坏。

彩色不锈钢板的用途很广泛，可应用于厅堂墙板、顶棚、电梯厢板、车厢板、建筑装潢、广告招牌等处，采用彩色不锈钢板的墙面不仅坚固耐用，还具有浓厚的时代气息。

（3）轻钢龙骨

轻钢龙骨是以镀锌带、薄壁冷轧退火卷带钢和彩色涂层钢板（带）为原料，经冷弯冲压而制成的骨架支撑材料，用于墙面隔断、顶棚处支撑各种面板。

3. 铜及铜合金材料

铜属于有色重金属，密度为 $8.92g/cm^3$。纯铜具有较高的导电性、导热性、耐腐蚀性及良好的延展性、塑性。纯铜由于强度不高，不宜制作结构材料。由于纯铜的价格贵，工程中更广泛使用的是铜合金（即在铜中添加锌、锡等元素形成的铜合金）。铜合金既保持了铜的良好塑性和高抗蚀性，又改善了纯铜的强度、硬度等机械性能。常用的铜合金有黄铜（铜锌合金）、青铜（铜锡合金）等。

铜合金经挤制和压制可形成不同横断面形状的型材，有空心型材和实心型材。铜合金型材也具有铝合金型材类似的优点，可用于门窗的制作。以铜合金型材做骨架，以吸热玻璃、热反射玻璃、中空玻璃为立面形成的玻璃幕墙，一改传统外墙的单一面貌，可使建筑物乃至城市生辉。另外，利用铜合金板材制成铜合金压型板应用于建筑物外墙，同样可使建筑物金碧辉煌，光亮耐久。

铜合金制品的另一特点是其具有金色感，因此常在建筑装饰中代替昂贵的金起到点缀的作用。

9.3.4 装饰玻璃

玻璃是由石英砂、纯碱、长石、石灰石等作为主要原料，经过高温（1550～1600℃）熔融、成型、冷却、固化后得到的透明非晶态无机物。其主要化学成分是 SiO_2、Na_2O、CaO 和少量的 MgO、Al_2O_3、K_2O 等。

玻璃除了具有透光透视、隔声、绝热以为外，还具有装饰功能，建筑上常用的玻璃制品有平板玻璃、钢化玻璃、磨砂玻璃、压花玻璃和节能玻璃等。

1. 平板玻璃

平板玻璃是建筑玻璃中用量最大的一类，大部分直接用于门窗，一部分用于加工成钢化玻璃、夹层玻璃、中空玻璃等。按外观质量分为合格品、一等品和优等品，按公称厚度分为：2mm、3mm、4mm、5mm、6mm、8mm、10mm、12mm、15mm、19mm、22mm、25mm。

2. 钢化玻璃

钢化玻璃由平板玻璃经过物理强化或化学强化的方法制得而成，具有较高的机械强度、抗震性能和热稳定性能，又称为强化玻璃。

钢化玻璃表面有一种预压的应力，该预应力使玻璃的机械强度和抗冲击性能大大提高，破碎时无尖锐棱角，不易伤人。钢化玻璃在建筑上一般用于高层建筑的门窗、隔墙和幕墙等。

3. 中空玻璃

中空玻璃是两片或多片玻璃以有效支撑均匀隔开并在周边粘结密封，使玻璃层间形成干燥气体空间的制品。

中空玻璃具有良好的绝热、隔声效果，并可以防止结露。常用于住宅、办公楼、学校、医院、实验室等。

4. 磨砂玻璃

磨砂玻璃是用普通平板玻璃经机械喷砂、手工研磨或氢氟酸溶蚀等方法将表面处理成毛面的玻璃，又称为毛玻璃。常用于需要透光不透视的卫生间、浴室等的门窗及隔断。

5. 节能玻璃

普通的平板玻璃对太阳光中红外线的透过率高，易引起温室效应，使室内空调能耗大，一般不宜用于幕墙玻璃。节能玻璃是指具有吸热或反射热、吸收或反射紫外线、光控等特性，可改善居住环境，调节热量进入或散失，节约空调能源及降低建筑物自重等多种功能的玻璃制品。多应用于高级建筑物的门窗、橱窗等，在玻璃幕墙中也多采用这种玻璃。

9.3.5　建筑涂料

建筑涂料是指涂敷于建筑物表面，形成连续性涂膜，从而对建筑物起到装饰、保护或使建筑物具有某种特殊功能的材料。

按照使用的部位不同，涂料可以分为内墙涂料、外墙涂料、地面涂料和顶棚涂料。

9.4　吸声材料、隔声材料

9.4.1　材料吸声的原理

声音在传播的过程中，一部分由于声能随着距离的增大而扩散，另一部分则因空气分子的吸收而减弱。这种减弱现象在室外颇为明显，但在室内，由于房间空间有限，这种减弱就不起主要作用，重要的是室内墙壁、顶棚、地板等材料表面对声能的吸收。

 吸声材料

当声波遇到材料表面时，一部分被反射，另一部分穿透材料，其余的部分则传递给材料，在材料的孔隙中引起空气分子与孔壁的摩擦和粘滞阻力，其间相当一部分声能转化为热能而被吸收掉。这些被吸收的能力与传递给材料的全部声能之比，是评定材料吸声性能好坏的主要指标，称为吸声系数。通常情况下取 125Hz、250Hz、500Hz、1000Hz、2000Hz、4000Hz 六个频率的平均吸声系数大于 0.2 的材料，称为吸声材料。

9.4.2 吸声材料及其结构

吸声材料和吸声结构的种类很多，按其材料结构状况可分为多孔吸声材料、薄板振动吸声结构、共振吸声结构、穿孔组合共振吸声结构、柔性吸声材料、悬挂空间吸声体和帘幕吸声体等。

靠从表面至内部许多细小的敞开孔道使声波衰减的多孔材料，以吸收中高频声波为主，有纤维状聚集组织的各种有机或无机纤维及其制品以及多孔结构的开孔型泡沫塑料和膨胀珍珠岩制品，如图 9-11 所示。

靠共振作用吸声的柔性材料（如闭孔型泡沫塑料，吸收中频）、膜状材料（如塑料膜或布、帆布、漆布和人造革，吸收低中频）、板状材料（如胶合板、硬质纤维板、石棉水泥板和石膏板，吸收低频）和穿孔板（各种板状材料或金属板上打孔而制得，吸收中频）。

以上材料复合使用，可扩大吸声范围，提高吸声系数。用装饰吸声板贴壁或吊顶，多孔材料和穿孔板或膜状材料组合装于墙面，甚至采用浮云式悬挂，都可改善室内音质，控制噪声（图 9-12）。多孔材料除吸收空气声外，还能减弱固体声和空气声所引起的振动。将多孔材料填入各种板状材料组成的复合结构内，可提高隔声能力并减轻结构重量。

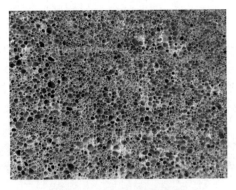

图 9-11　开孔型吸声材料

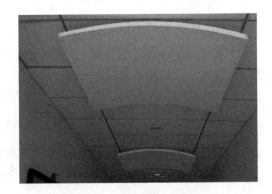

图 9-12　浮云式悬挂吸声材料

9.4.3 隔声材料

能减弱或隔断声波传递的材料为隔声材料。材料的隔声能力可通过材料对声波的透射系数来衡量，透射系数越小，材料的隔声性能越好。

声波在材料或结构中传递基本途径有两种。一是经由空气直接传播，或者是声波使材料或构件产生振动，使声音传至另一空间中去；二是由于机械振动或撞击使材料或构件振动发声。前者称为空气声，后者称为结构声（表9-1）。

对于隔绝空气声而言，墙或板传声的大小，主要取决于其单位面积质量，质量越大，越不易振动，则隔声效果越好，因此，应选择密实、沉重的材料（如黏土砖、钢板、钢筋混凝土等）作为隔声材料。

对于隔绝结构声材料最有效的措施是以弹性材料作为楼板面层，直接减弱撞击能量；在楼板基层与面层间加弹性垫层材料形成浮筑层，减弱撞击产生的振动；在楼板基层下设置弹性吊顶，减弱楼板振动向下辐射的声能。常用的弹性材料有厚地毯、橡胶板、塑料板、软木地板等；常用弹性垫层材料由矿棉毡、玻璃棉毡、橡胶板等，也有锯末、甘蔗渣板、软质纤维板。但其耐久性和防潮性差。隔声吊顶材料有板条吊顶、纤维板吊顶、石膏板吊顶等。

隔声的分类 表9-1

分类		提高隔声的措施
空气声隔绝	单层墙空气声隔绝	1. 提高墙体的单位面积和厚度 2. 墙与墙接头不存在缝隙 3. 加大双层墙间的空气层厚度
	双层墙的空气声隔绝	1. 采用双层分离式隔墙 2. 提高墙体的单位面积质量 3. 粘贴或涂抹阻尼材料
	轻型墙的空气声隔绝	1. 轻型材料与多孔或松软吸声材料多层复合 2. 各层材料质量不等，避免非结构谐振 3. 加大双层墙面空气层厚度
	门窗的空气声隔绝	1. 采用多层门窗 2. 设置铲口，采用密封条等材料填充缝隙
结构声隔绝	撞击声的隔绝	1. 面层增加弹性曾 2. 采用浮筑楼面 3. 增加吊顶

9.5 新型建筑材料

随着科学技术的发展，社会的进步和人们日益增长的需求，许多新的技术和工艺在我国被发现或广泛推广，促使建筑材料的发展日新月异。新型建筑材料一般都具有绿色、节能、工业化等特点，在建筑工程中使用这些新型材料，不仅可以提高施工质量，还可以提高建筑物整体适用性，下面简要介绍几种新型且运用较为广泛的建筑材料。

9.5.1 蒸压轻质混凝土板（ALC板）

蒸压轻质混凝土板（ALC板）是以粉煤灰（或硅砂）、水泥、石灰等为主原料，经过高压蒸汽养护而成的多气孔混凝土成型板材（内含经过处理的钢筋增强）。ALC 板既可做墙体材料，又可做屋面板，是一种性能优越的新型建材。该材料具有良好的保温、隔热、隔声、抗冻、抗渗性能，且无放射性，是一种绿色环保材料。ALC 板生产工业化、标准化，生产速度快，且可直接刮腻子喷涂料，不存在空鼓裂纹现象，可以降低施工造价。

9.5.2 硅藻泥

硅藻泥的主要成分是硅藻土，硅藻土是一种生物成因的硅质沉积岩，它主要由古代硅藻的遗骸所组成。硅藻是最早在地球上出现的一种单细胞藻类生物，生存在海水或者湖水中，形体极为微小，常常以惊人的速度生长繁殖。经历了亿万年，硅藻及其他浮游生物沉积成了水底的硅藻泥。使用电子显微镜观察硅藻泥，硅藻矿物是一种孔道大小为微米级的多孔材料，其粒子表面具有无数微小的孔穴，规则、整齐地排列成圆形和针形，单位面积上的微细孔数量比木炭还要多出数千倍。这种分子筛结构，使其具有了极强的物理吸附性能和离子交换性能。经过精加工后被广泛应用于酒精及医用注射液过滤、净水器、食品添加剂、核放射吸附剂等众多领域。

9.5.3 聚碳酸酯板（PC 板）

聚碳酸酯板简称 PC 板，是一种新型的高强度、透光建筑材料，是取代玻璃、有机玻璃的最佳建材。PC 板比夹层玻璃、钢化玻璃、中空玻璃等更具轻质、耐候、超强、阻燃、隔声等优异性能，成为深受欢迎的建筑装饰材料。

9.5.4 氟塑料（ETFE）

ETFE 膜材料的成分为乙烯－四氟乙烯共聚物，它是无织物基材的透明膜材料，其延伸率可达 420%～440%。ETFE 膜材料的透光光谱与玻璃相近（俗称为软玻璃）。它适用于建造需要充足室内阳光的建筑空间的屋盖或墙体。ETFE 膜材料允许产生大的弹性变形，但会出现蠕变性延伸，故不适宜做有抗力要求的张拉结构体系的空间膜面，因其具有轻质与优良的透光性能，重量约为同等尺寸玻璃板的 1/100，可用作需要透光的建筑屋顶及墙体，我国 2008 年奥运会主游泳馆"水立方"大量使用了这种材料。

思考及练习题

一、填空题

1. 建筑上使用的绝热材料根据材料的构造可分为_____、_____和_____材料三种。

2. 将低分子单体经化学方法聚合成为高分子化合物常用的合成方法有_____和_____两种。

3. 塑料管有_____和_____两大类。

4. _____、_____、_____是装饰石材中最主要的三个种类。

5. 胶粘剂按强度特性分为_____和_____两类。

二、单选题

1. 以下属于有机绝热材料的是（ ）。

A. 泡沫塑料　　　　　B. 玻璃棉　　　　　C. 植物纤维复合板

2. 大理石在装饰工程应用中的特性是（ ）。

A. 适于制作烧毛板　　　　　　　　B. 属酸性岩石，不适用于室外

C. 易加工、开光性好

3. 可降低噪声，用于有消声要求的建筑平吊顶饰面板材是（ ）。

A. 铝塑复合板　　　　　B. 雕花玻璃板　　　　　C. 铝合金穿孔板

三、简答题

1. 什么叫保温绝热材料？常见的保温绝热材料都有哪些？

2. 什么是塑料？建筑塑料都有哪些特性？

3. 建筑装饰材料的作用有哪些？

4. 简要描述铝合金制品在建筑装饰工程中的应用。

5. 吸声材料都有哪几种常见的结构类型？

附录

建筑材料检测试验记录表

附录 1　建筑材料基本性质检测试验记录表

砂表观密度和堆积密度试验记录表

产地：　　　　　　　　　　　　　　　　　　　　　　　　　　　　　　　试验日期　　年　月　日

	干样质量 m_0(kg)	(砂+水+瓶)质量 m_1(kg)	(水+瓶)质量 m_2(kg)	$m_0+m_2-m_1$	表观密度 (kg/m³)	平均值 (kg/m³)
表观密度						
	筒质量 m_1(kg)	筒容积 V_0' (L)	(筒+样)质量 m_2(kg)	净质量 m_2-m_1	堆积密度 (kg/m³)	平均值 (kg/m³)
堆积密度						

石子表观密度和堆积密度试验记录表

产地：　　　　　　　　　　　　　　　　　　　　　　　　　　　　　　　试验日期　　年　月　日

	干样质量 m_0(kg)	(试样+水+瓶+玻璃片)质量 m_1(kg)	(水+瓶+玻璃片)质量 m_2(kg)	$m_0+m_2-m_1$	表观密度 (kg/m³)	平均值 (kg/m³)
表观密度						
	筒质量 m_1(kg)	筒容积 V_0' (L)	(筒+样)质量 m_2(kg)	净质量 m_2-m_1	堆积密度 (kg/m³)	平均值 (kg/m³)
堆积密度						

附录 2　水泥主要技术性质检测试验记录表

水泥检验试验表

工程名称		收样日期	年　月　日
委托单位		检验日期	年　月　日
使用部位		签发日期	年　月　日
样品来源	抽样	送样数量	
检验性质	委托	代表批量	

续表

厂家品种登记			代表批量		
见证单位		—	出厂编号		
见证人			检验环境温度		
检验设备			检验环境湿度		
检验依据					
序号	检验项目		计量单位	标准值	检验结果
1	细度	80μm 方孔筛筛余	%	≤10	
		比表面积	m²/kg	≥300	
2	凝结时间	初凝	min	≥45	
		终凝	min	≤600	
3	安定性	雷氏法	mm	——	
		试饼法		无裂缝、无弯曲	
龄期	标准值	单块试抗折强度值(MPa)			抗折强度平均值(MPa)
3d	≥3.5				
28d	≥6.5				
龄期	标准值	单块试抗压强度(MPa)			抗压强度平均值(MPa)
3d	≥17.0				
28d	≥42.5				
备注			检验单位		(盖章)

附录3 混凝土用骨料检测试验记录表

砂筛分试验记录表

产地: 试验日期　年　月　日

筛孔尺寸 (mm)	筛析前质量=＿＿＿＿＿＿g				试验编号＿＿＿＿＿＿	备注
	分计筛余量(g)		分计筛余百分率(%)		累计筛余百分率(%)	
	第1次	第2次	第1次	第2次	第1次	第2次
>4.75						
4.75						A₁
2.36						A₂
1.18						A₃
0.6						A₄

筛孔尺寸 (mm)	分计筛余量(g)		分计筛余百分率(%)		累计筛余百分率(%)		备注
	第1次	第2次	第1次	第2次	第1次	第2次	
0.3							A_5
0.15							A_6
<0.15							
总计							
细度模数 Mx							
结论							

石子筛分析记录表

产地：   试验日期　　年　月　日

筛孔尺寸 (mm)	筛析前质量＝_____g			试验编号_____	
	筛余量(g) (1)	筛余量(g) (2)	筛余量平均 (g)	分计筛余 百分率(%)	累计筛 余百分率(%)
63.0					
53.0					
37.5					
31.5					
26.5					
19.0					
16.0					
9.50					
4.75					
2.36					
<2.36					
总计					
结论					

附录4 混凝土主要技术性质检测试验记录表

混凝土拌合物试验记录表

试验日期　　年　月　日

	设计强度等级			成型方法		
所用原材料	种类	品种规格	材料用量(kg)	后加料用量(kg)	砂、石含水率(%)	
	水泥					
	砂					
	石					
	水					
	外加剂					
	矿物掺合料					
实验室配合比(质量比)				施工配合比		
坍落度(mm)			维勃稠度(s)		备注	

混凝土（立方体抗压）试验报告

年　月　日

试件编号	试件规格	混凝土强度等级	材料规格			坍落度(mm)	水灰比	配合比(质量比)	水泥用量(kg)	外加剂(%)	成型日期	检验龄期	破坏荷载(kN)	抗压强度(MPa)
			水泥品种及强度等级	砂规格	石子规格(mm)									
制作条件						结论：								

附录5 砂浆主要技术性质检测试验记录表

砂浆稠度试验记录表

实验日期：＿＿＿＿＿＿＿＿＿　　　气温：＿＿＿＿＿＿＿＿＿　　　湿度：＿＿＿＿＿＿＿＿＿

砂浆配合比：＿＿＿＿＿＿＿＿＿

编号	拌合砂浆＿＿＿＿＿L砂浆所需各种材料用量(kg)				稠度(mm)	稠度平均值(mm)
	水泥 m_1	石灰 m_2	砂子 m_3	水 m_4		
1						
2						

砂浆分层度试验记录表

试验日期：＿＿＿＿＿＿＿＿＿　　　气温/室温：＿＿＿＿＿＿＿＿＿　　　湿度：＿＿＿＿＿＿＿＿＿

砂浆质量配合比：＿＿＿＿＿＿＿＿＿

编号	拌合＿＿＿＿＿L砂浆所用各材料用量(kg)				静置前稠度值(mm)	静置30min后稠度值(mm)	分层度值(mm)	分层度平均值(mm)
	水泥 m_1	石灰 m_2	砂子 m_3	水 m_4				
1								
2								

结果评定：

根据分层度判别此砂浆保水性为：＿＿＿＿＿＿＿＿。

砂浆抗压强度试验记录表

试验日期：＿＿＿＿＿＿＿＿＿　　　气温/室温：＿＿＿＿＿＿＿＿＿　　　湿度：＿＿＿＿＿＿＿＿＿

砂浆质量配合比为：＿＿＿＿＿＿＿＿＿　　　养护龄期：＿＿＿＿＿＿＿＿＿

编号	试件边长(mm)		受压面积(mm²)	破坏荷载(kN)	抗压强度(MPa)	抗压强度平均值(MPa)	单块抗压强度最小值(MPa)
	a	b					
1							
2							
3							
4							
5							
6							

结果评定：

根据国家标准该批砂浆强度等级为：＿＿＿＿＿＿＿＿。

附录6 蒸压加气混凝土砌块检测试验记录表

蒸压加气混凝土砌块试验记录表

班级： 组别： 报告日期：

委托单位		工程部位	
生产厂家		产品规格	
强度级别		密度级别	
压力机试验机	YJW-2000 型	电热鼓风干燥箱	DHG-9003 型
检验项目	干密度、含水率、吸水率、抗压强度	取样日期	
试验方法	GB/T 11969—2008	评定依据	GB/T 11969—2008

1. 干密度检测

密度等级	试样编号	试样尺寸(mm)	试件质量 m(g)	烘干后质量 m_0(g)	干密度 ρ_0(kg/m³)	ρ_0 平均值
	1					
	2					
	3					

2. 含水率检测

密度等级	试样编号	试样尺寸(mm)	试件质量 m(g)	烘干后质量 m_0(g)	w_s(%)	w_s 平均值
	1					
	2					
	3					

3. 吸水率检测

密度等级	试样编号	试样尺寸(mm)	试件吸水后质量 m_g(g)	烘干后质量 m_0(g)	w_R(%)	w_R 平均值
	1					
	2					
	3					

4. 抗压强度试验

强度等级	试样编号	承压面积(mm²)	破坏荷载(N)	抗压强度(MPa)	抗压强度平均值(MPa)
	1				
	2				
	3				

检测结论	依据《蒸压加气混凝土性能试验方法》GB/T 11969—2008 标准,所检测指标符合/不符合要求
试验小结	
备注	

附录 7 钢筋检测试验记录表

钢筋室温拉伸、弯曲试验记录

试验编号			任务单编号		
依据标准、规程			试验开始时间		
样品描述			试验完成时间		
试验环境					
试验所用仪器设备					
钢筋产地或生产厂家			钢筋牌号		
施工部位或用途			钢筋批号		
钢筋名称					

试样尺寸	试样直径(mm)					
	试样长度(mm)					
	原始标距(mm)					
	试样质量(g)					
	试样截面积(mm²)					
拉伸试验	样品编号					
	荷载	屈服荷载(kN)				
		极限荷载(kN)				
	强度	屈服强度(MPa)				
		抗拉强度(MPa)				
	伸长率	断后标距(mm)				
		断后伸长率(%)				
弯曲试验	样品编号					
	弯心直径(mm)					
	弯曲角度(°)					
	弯曲结果					
检验结论						
备注						

附录 8 沥青的主要技术性质检测试验记录表

沥青针入度试验记录表

试验日期　年　月　日

针入度(0.1mm)	1	2	3	平均值

沥青延度试验记录表

试验日期　年　月　日

延度(cm)	10℃	1	2	3	平均值
	15℃	1	2	3	平均值

沥青软化点试验记录表

试验日期　年　月　日

软化点(℃)	1	2	平均值

参考文献

［1］毕万利．建筑材料（第二版）［M］．北京：高等教育出版社，2011．

［2］魏鸿权．建筑材料（第五版）［M］．北京：中国建筑工业出版社，2017．

［3］胡兴福．建筑结构（第四版）［M］．北京：中国建筑工业出版社，2017．

［4］郭秋生．建筑工程材料检测［M］．北京：中国建筑工业出版社，2018．

［5］毕万利．建筑材料与检测［M］．北京：高等教育出版社，2014．

［6］高琼英．建筑材料（第4版）［M］．武汉：武汉理工大学出版社，2012．

［7］卢经扬．建筑材料与检测［M］．北京：中国建筑工业出版社，2018．

［8］苏建斌．建筑材料［M］．北京：中国建筑工业出版社，2019．

［9］张英著．建筑材料与检测［M］，北京：北京理工大学出版社，2017．

［10］周本能，武新杰，李姿．建筑材料与检测［M］．成都：电子科技大学出版社，2016．

［11］高琼英．建筑材料（第二版）［M］．武汉：武汉理工大学出版社，2002．

［12］谭平．建筑材料［M］．北京：北京理工大学出版社，2019．4．

［13］李钰．建筑工程概论［M］．北京：中国建筑工业出版社，2014．

［14］尹健．土木工程材料［M］．北京：中国铁道出版社，2015．

［15］李舒瑶，张正亚．土木工程材料［M］．北京：水利水电出版社，2015．

［16］张粉芹．土木工程材料［M］．北京：中国铁道出版社，2015．

［17］白基霖．轻质多空硅酸盐保温隔热材料的制备及性能研究［D］．武汉：武汉理工大学，2016．

［18］王阳春．土木工程材料（第二版）［M］．北京：北京大学出版社，2013．

［19］施惠生．土木工程材料 性能、应用与生态环境［M］．北京：中国电力出版社，2008．